童装结构设计

江西科学技术出版社

21世纪高职高专服装教材

21SHIJI GAOZHI GAOZHUAN FUZHUANG JIAOCAI

主 编 王 晶

图书在版编目(CIP)数据

童装结构设计/王晶主编. —南昌:江西科学技术出版社,2012.8
ISBN 978-7-5390-4599-3
Ⅰ. ①童… Ⅱ. ①王… Ⅲ. ①童服-结构设计 Ⅳ. ①TS941.716.1
中国版本图书馆CIP数据核字(2012)第204671号

国际互联网(Internet)地址:
http://www.jxkjcbs.com
选题序号:**KX**2012067
图书代码:**X**12008-002

童装结构设计 王晶 主编

出版发行	江西科学技术出版社
社址	南昌市蓼洲街2号附1号 邮编:330009 电话:(0791)86623491 86639342(传真)
印刷	南昌市光华印刷有限责任公司
经销	各地新华书店
开本	787mm×1092mm 1/16
字数	150千字
印张	11
版次	2012年8月第1版 2015年1月第2次印刷
书号	ISBN 978-7-5390-4599-3
定价	39.00元

赣版权登字-03-2012-90

目　录

第一章　童装概述

第一节　童装简介

童装是所有服装类别中非常重要的一种。由于儿童的生理和心理不同于成年人，因而童装又有着其特殊性(图 1－1)。

图 1－1

一、童装的概念

童装即儿童服装，是指未成年人所穿着的服装，它包括婴儿、小童、中童及大童等各年龄段的儿童着装。与成年人的服装意义相同的是，童装也是人与衣服的融合，是未成年人着装后的一种状态。在这种状态组合中，服装不仅是指衣服，也包括与衣服搭配的各种服饰品。与成年人服装不同的是，由于儿童的心理发育不成熟，好奇心强且没有行为控制能力或行为控制能力较弱，而且儿童的身体发育较快、体型变化大，所以，童装设计比成年服装设计更强调装饰性、安全性和功能性（图 1－2、图 1－3）。

图 1－2

图 1－3

二、童装发展简介

在很长的一段历史时期中，儿童穿着的服装就是成人服装的缩小版，从文艺复兴时期的肖像画中我们可以看到，儿童的穿着款式与当时的成人服装款式是一样的，都是相同低领的衣服、裙撑和马裤（图 1－4）。

19 世纪末以前，由于物质匮乏、经济落后，我国的很多童装都是由手工制作，衣服做得偏大一点，好增长服装的穿着时间；衣服也缝制得非常结实，以便可以传给更小的孩子。那时也有极少数的童装出自为数不多的童装生产厂家，但这些厂家提供的款式都是非常有限的。

尽管20世纪初已有一些设计师专门设计开发高价位的童装，童装业的发展紧随女装业发展之后，但直到第一次世界大战后新式童装才开始商业化生产和销售，此时女性开始走出家庭忙于社会工作，已无暇自制服装，这就需要为孩子买现成的衣服。因此，有了买方市场之后，卖方市场自然就这样出现了，童装业便快速发展起来。

图1-4

童装业发展起来的另一个原因是生产厂家发现工业化生产的服装比家庭缝制的服装更结实，按扣、拉链的使用以及更耐用的缝纫方法都起着重要的作用。比如，缝纫机的针脚比较密实，专业缝制机械可以完成许多人工无法完成的工艺。第一次世界大战后，当生产厂家开始将童装的尺码标准化的时候，童装的发展又向前迈进了一大步。起初童装的尺码很简单，伴随着市场细分的出现，发展成了分类齐全的童装号型系列。

我国古代儿童的着装，从和尚衣、百家衣到兜肚等，仅仅是体现了父母的一种理念，即希望这些服装能给孩子带来平安和保佑（图1-5、图1-6）。之后，童装中出现的小马甲、小马褂等也只是成人服装的缩小版，这些都不能体现童装设计的理念。我国近代意义上的童装是从20世纪30年代洋装进入国内以后，伴随着我国近代服饰的发展而出现的。在过去几十年的发展中，由于对童装缺乏科学的认识，对儿童生理、心理缺乏研究以及经济上的匮乏，童装的功能更多的是表现在避暑、御寒、遮羞等方面，一件（套）服装大孩子穿完小孩子接着穿，或者买块面料由父母缝制的情况比比皆是。此时的童装往往色彩暗淡、款式陈旧，根本谈不上是儿童身心发育和童装文化的体现。20世纪90年代以后，我国童装进入了一个快速发展的时期，在款式、色彩、样式等方

图 1－5

面呈现出多样化，同时，在童装的设计和制作上也开始考虑儿童的身心特点，使他们的穿着既美观大方又便于活动。事实上儿童的心理特点是变化多端的，比如同样是 3 周岁的儿童，男童和女童对服装的款式、图案、色彩以及如何方便穿着等感受是不同的。如果对此进行研究，并有针对性地开发出适合他们的服装，对这个年龄段的孩子认知和感受世界非常重要。

图 1－6

第二节　童装面料的基础知识

学习童装设计首先要了解童装面料的基础知识，比如面料性能的识别、对流行趋势的关注、选购方法、安全指标等，其中，童装面料的安全指标因儿童群体的特殊性而有不同于成人服装面料的单独规定。

一、面料性能的识别

图 1-7

正确分析、识别童装面料的性能并准确合理地运用于服装设计之中，是每一个童装从业人员需要掌握的基础知识，否则，可能会因面料识别错误导致整款服装的设计、制作、穿着或洗涤等环节出现问题。对服装面料的识别包括服装面料的原料识别、外观特征识别以及外观质量识别等。观察、识别面料不但要用视觉，而且要用触觉、嗅觉甚至听觉。如运用眼睛的视觉效应观看织物的光泽明暗、染色情况、表面粗细及组织、纹路和纤维的外观特征。比如纯棉布光泽普遍柔和，外观不够细腻，粗糙甚至有棉结杂质；羊毛与涤纶混纺的呢绒光泽较亮，有闪色感，手感略为板硬而失之柔软，并随涤纶含量的增加而明显突出，缺乏柔和的柔润感；织物挺括、平整、光滑。运用手的触觉效应除能够感觉织物和纤维的软硬、光滑、粗糙、细节、弹性、冷暖等外，还可以测出纤维中纱线的强度和伸长度。比如纯棉布手感柔软、弹性不佳、易皱折，用手捏紧布料会有明显折痕且不易恢复；桑蚕丝绸轻柔、平滑、细腻、富有弹性，紧握后松开，有折皱，不很明显，以手托起能自然悬垂，干燥时手摸绸面有丝丝凉爽感和轻微的拉手感。而听觉和嗅觉对判断某些原料的织物也有一定的帮助。各种纤维的织物撕裂时声响不同，如摩擦丝绸表面会有清脆的丝鸣声，撕裂时声音清亮；而腈纶和羊毛织物的气味有差异，则可以燃烧后用鼻子闻一下通过嗅觉判断等。不同的面料具有不同的透气性、吸湿性、保暖性等性能，比如棉织物具有良好的透气性和吸湿性，穿着舒适，保暖性较好，是最理想的童装面料。选择面料时要确认面料的透气性、保温性、吸湿性、静电性等性能特征，再针对面料的挺括性、重量感、软硬度和悬垂性来考虑它适合什么样的造型、做什么样的款式等。

二、面料流行趋势的关注

选择童装面料时，一方面要注意面料的性能，另一方面要注意面料的色彩、花型的流行与工艺技术的时尚。关注面料的色彩、纹样、织造肌理的流行程度，或环保的科技感与褶皱加工技术、外形加工整理、成衣后加工引起的变化的可能性，以充分利用面料的特征和性能来进行适当的设计，在外观上表现出最强烈的时尚印象（图 1－8）。

三、面料选购的方法

选择面料最常用的方法是直接在面料批发市场中寻找，现钱现货直接购买。其次为期货方式，从批发商提供的样品中选择订货，在预付定金后，按照合同签订的时间拿

图 1－8

到市场上最新的面料。第三是设计师自己设计面料，包括面料的色彩、纹样以及组织纹理，再寻找面料厂家按要求定织定染，这是独家拥有独特面料的最佳方法。大型服装企业由于面料用量大，通常到面料生产厂家直接订货，有时也会在大型面料批发市场进货。

第三节　童装的规格设置

在服装工业生产中，服装的规格与参考尺寸是很重要的，它是制版和推板的依据，也是指导消费者买到合适服装的依据。由于相近年龄的儿童身材情况不一样，以往儿童服装以年龄来表示规格，现在越来越多的厂家、销售商和消费者都倾向于以身高来表示服装的规格，即在儿童服装的标签上，使用身高作为尺寸的基础，对于不同类型的儿童服装再附加相应的尺寸信息（图1－9）。比如在婴儿服装标签上，除了标出适合的身高尺寸，还要标出适合的体重及月龄。对于1周岁以上儿童的上衣标签，除了标出适合的身高尺寸，还要标出适合的胸围尺寸和年龄范围；裤子标签除了标出适合的腰围、臀围尺寸和年龄范围。

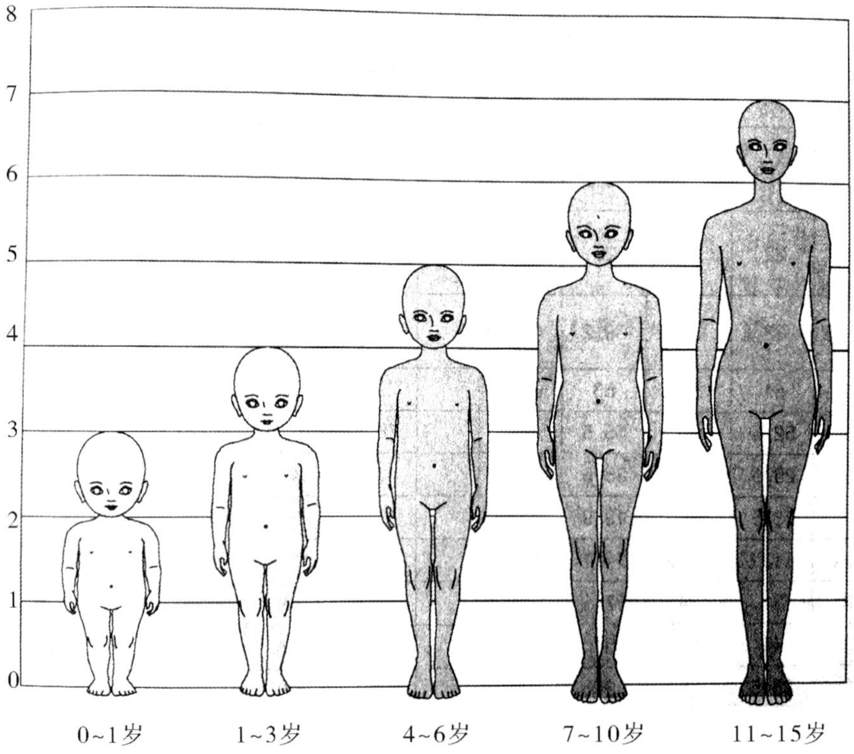

图1－9

一、童装的号型

根据最新的GB/T 1335.3—2009《服装号型　儿童》标准，我国的童装规格用号型来表示。

号指儿童的身高，以厘米（cm）为单位，是设计和选购服装长度的参考依据。

型指儿童的净胸围或腰围，以厘米（cm）为单位，是设计和选购服装围度的参考依据。

号型的表示方法：号与型之间用斜线分开。例：上装 100/52，其中 100 代表号，52 代表型；下装 100/50，其中 100 代表号，50 代表型。身高 52 ~ 80 cm 的婴儿，不分性别，身高以 7 cm 为分档，胸围以 4 cm 分档，腰围以 3 cm 分档，分别组成 10.4 和 10.3 系列。身高 135 ~ 155 cm 的女童，135 ~ 160 cm 的男童，身高以 5 cm 分档，胸围以 4 cm 分档，腰围以 3 cm 分档，分别组成 5.4 和 5.3 系列。

二、童装号型各系列控制部位的数值

服装号型是为生产成衣而设置的，也是为了最大限度地满足消费者的适体要求，但仅有身高、胸围及腰围三个基本部位的数据是不够的，还需要其他某些主要部位的数据，这些部位数据称为控制部位。童装号型各系列控制部位的数值如表 1 – 1A 至表 1 – 7C所示。

表 1 – 1A　身高 52 ~ 80 cm 婴儿上装号型系列（单位：cm）

号	型		
52	40		
59	40	44	
66	40	44	48
73		44	48
80			48

表 1 – 1B　身高 52 ~ 80 cm 婴儿下装号型系列（单位：cm）

号	型		
52	41		
59	41	44	
66	41	44	47
73		44	47
80			47

表1－2A　身高80～130 cm儿童上装号型系列(单位:cm)

号	型				
80	48				
90	48	52	56		
100	48	52	56		
110		52	56		
120		52	56	60	
130			56	60	64

表1－2B　身高80～130 cm儿童下装号型系列(单位:cm)

号	型				
80	47				
90	47	50	53		
100	47	50	53		
110		50	53		
120		50	53	56	
130			53	56	59

表1－3A　身高135～160 cm男童上装号型系列(单位:cm)

号	型					
135	60	64	68			
140	60	64	68			
145		64	68	72		
150		64	68	72		
155			68	72	76	
160				72	76	80

表 1－3B　身高 135～160 cm 男童下装号型系列(单位:cm)

号	型					
135	54	57	60			
140	54	57	60			
145		57	60	63		
150		57	60	63		
155			60	63	66	
160				63	66	69

表 1－4A　身高 135～155 cm 女童上装号型系列(单位:cm)

号	型					
135	56	60	64			
140		60	64			
145			64	68		
150			64	68	72	
155				68	72	76

表 1－4B　身高 135～155 cm 女童下装号型系列(单位:cm)

号	型					
135	49	52	55			
140		52	55			
145			55	58		
150			55	58	61	
155				58	61	64

表 1－5A　身高 80～130 cm 童装控制部位数值(单位:cm)

号		80	90	100	110	120	130
长度部位	身高	80	90	100	110	120	130
	坐姿颈椎点高	30	34	38	42	46	50
	全臂长	25	28	31	34	37	40
	腰围高	44	51	58	65	72	79

表 1－5B　身高 80～130 cm 童装控制部位数值(单位:cm)

上装型		48	52	56	60	64
围度部位	胸围	48	52	56	60	64
	颈围	24.2	25	25.8	26.6	27.4
	总肩宽	24.4	26.2	28	29.8	31.6

表 1－5C　身高 80～130 cm 童装控制部位数值(单位:cm)

下装型		47	50	53	56	59
围度部位	腰围	47	50	53	56	59
	臀围	49	54	59	64	69

表 1－6A　身高 135～160 cm 男童服装控制部位数值(单位:cm)

号		135	140	145	150	155	160
长度部位	身高	135	140	145	150	155	160
	坐姿颈椎点高	49	51	53	55	57	59
	全臂长	44.5	46	47.5	49	50.5	52
	腰围高	83	86	89	92	95	98

表 1-6B　身高 135～160 cm 男童服装控制部位数值(单位:cm)

上装型		60	64	68	72	76	80
围度部位	胸围	60	64	68	72	76	80
	颈围	29.5	30.5	31.5	32.5	33.5	34.5
	总肩宽	34.5	35.8	37	38.2	39.4	40.6

表 1-6C　身高 135～160 cm 男童服装控制部位数值(单位:cm)

下装型		54	57	60	63	66	69
围度部位	腰围	54	57	60	63	66	69
	臀围	64	68.5	73	77.5	82	86.5

表 1-7A　身高 135～155 cm 女童服装控制部位数值(单位:cm)

号		135	140	145	150	155
长度部位	身高	135	140	145	150	155
	坐姿颈椎点高	50	52	54	56	58
	全臂长	43	44.5	46	47.5	49
	腰围高	84	87	90	93	96

表 1-7B　身高 135～155 cm 女童服装控制部位数值(单位:cm)

上装型		60	64	68	72	76
围度部位	胸围	60	64	68	72	76
	颈围	28	29	30	31	32
	总肩宽	33.8	35	36.2	37.4	38.6

表 1-7C　身高 135～155 cm 女童服装控制部位数值(单位:cm)

下装型		52	55	58	61	64
围度部位	腰围	52	55	58	61	64
	臀围	66	70.5	75	79.5	84

第四节 童装的测量与加放

一、童装尺寸的确定

童装的测量方法与女装基本相同。但由于儿童比较好动,不易准确测量,测量时要以主要尺寸如身高、胸围、臀围等为主,其他部位尺寸通过推算或查找参考尺寸获得。值得注意的是,儿童的腰围线不明显,测量时一般以弯起肘部时,肘关节外侧突出骨头的位置的高度定为腰围线的位置。

(一)童装长度的确定

童装的长度是指衣长、裙长、裤长、袖长等,一般要根据具体的款式而确定。童装的衣长一般可以在腰围线以上 5 cm 到膝关节以下的长度不等。夏季的许多服装,衣长在腰围线以上;短夹克和马甲大都在腰围线附近;一般的衬衫等上衣则多在臀围线的附近;而短风衣、西装的衣长多在臀围线以下几厘米;长大衣、长风衣则在膝盖以下。一般来说,童装的衣长不宜过长,一方面由于衣长过长不适合儿童活动,另一方面也不符合儿童的天性(图 1 – 10)。

裙长、裤长可短至臀围线下几厘米,长至脚踝关节处。夏季穿着的短裙长度在臀围线下 8 cm,而超短裙、短裤长度在臀围线及膝盖线之间;一般的裙子、裙裤和背带裤等长度在膝盖线上下,而长裙、中裤等长度在膝盖线以下。同时注意裙长不宜过长,过长的话,会给人下肢短的视觉感受。而普通的长裤长度在脚踝处,也可根据款式有一定的变化。

袖长可以从窄肩、无袖至手腕处,无袖时袖笼弧线可以紧靠颈侧点甚至可以只有一个系带;短袖袖长在肩点与肘部之间;中袖袖长在肘点至腕关节之间;普通长袖袖长

图 1－10

到手腕处。

（二）童装的围度放松量

儿童服装的成品尺寸要考虑儿童的呼吸量和活动量，不同的服装品种需要加放不同的放松量，才能设计出合适的童装。不同的放松量对服装的造型会产生很大的影响，放松量的多少也会因具体款式的穿着季节和穿着对象等因素的不同而产生不同的变化。总体上来说，童装既要表现款式的特点，又要穿着舒适，过紧不利于儿童的身体发育，过于宽大则同样表现不出儿童活泼的天性（图 1－11）。

图 1－11

（三）童装的成衣测量方法

四类儿童服装常规款式的成衣测量方法如图 1－12 至图 1－17 所示。

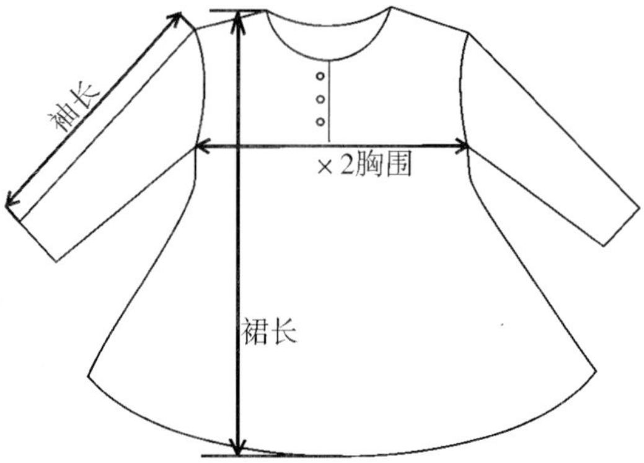

图 1－12

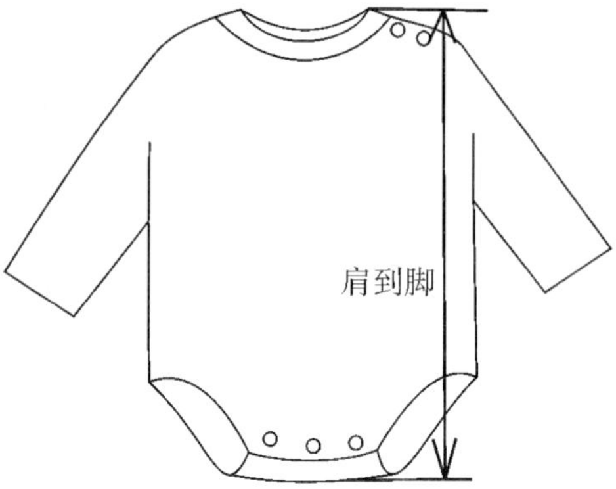

图 1－13

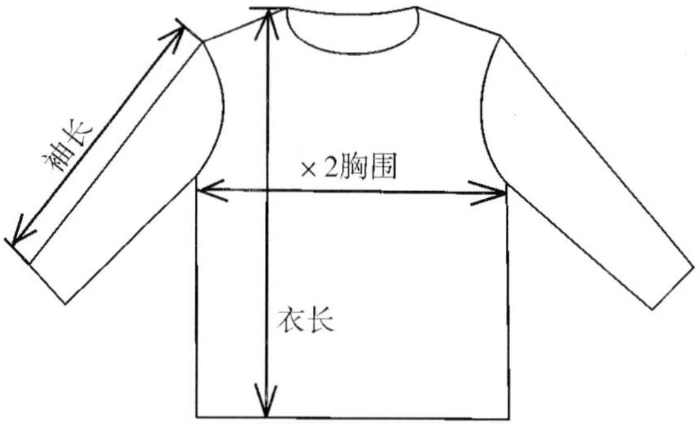

图 1－14

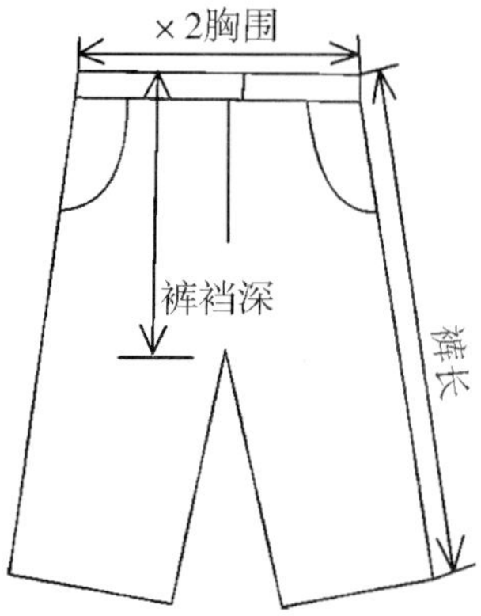

图 1－15

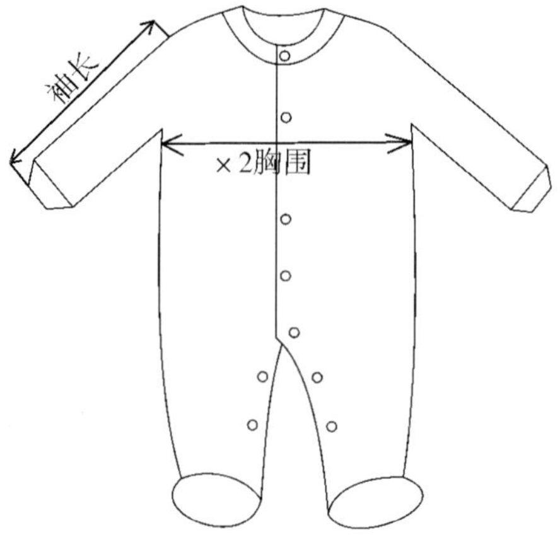

图 1－16

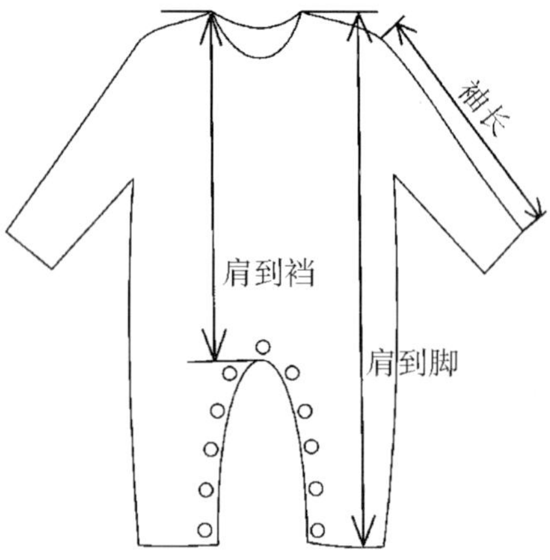

图 1－17

第五节　童装相关标准简介

童装的相关标准很多,其中规定的内容范围也很多,在此我们将对几个主要标准中的重要内容尤其是安全技术规范方面的内容做一些介绍。

一、GB 18401—2003《国家纺织产品基本安全技术规范》

GB 18401—2003《国家纺织产品基本安全技术规范》(2003 年 11 月 27 日发布,2005 年 1 月 1 日实施)为国家强制性标准,规定了纺织产品的基本安全技术要求、试验方法、检验规则等。童装材料属于纺织品类别,所有童装相关标准首先要遵循 GB 18401—2003《国家纺织产品基本安全技术规范》中对童装的分类要求和各项面辅料指标要求。基本安全技术要求为保证纺织品对人体健康无害而提出的最基本的要求。新生产的服装,要符合该规范,要带有"GB 18401—2003"的标识。

(一)纺织产品分类

GB 18401—2003《国家纺织产品基本安全技术规范》中将纺织产品分为 A 类、B 类、C 类(表 1－8)。其中,A 类为婴幼儿用品,即年龄在 24 个月以内的婴幼儿使用的纺织产品;B 类为直接接触皮肤的产品,即在穿着或使用时,产品的大部分面积直接与人体皮肤接触的纺织产品;C 类为非直接接触皮肤的产品,即在穿着或使用时,产品不直接与人体皮肤接触或仅有小部分面积直接与人体皮肤接触的纺织产品。

婴幼儿用品(年龄在 24 个月以内的婴幼儿使用的纺织产品,一般身高 80 cm 及以下婴幼儿使用的产品可作为婴幼儿用品)应符合标准中 A 类产品的技术要求;直接接触皮肤的产品应符合 B 类产品的技术要求;非直接接触皮肤的产品应符合 C 类产品的技术要求。婴幼儿用品必须在使用说明上标明"婴幼儿用品"字样,其他产品应在使用说明上标明所符合的安全技术要求类别。

表 1－8 纺织品分类及示例

类型	品类示例
A 类（婴幼儿用品）	尿布、尿裤、内衣、围嘴、睡衣、袜子、手套、外衣、帽子、床上用品
B 类（直接接触皮肤的产品）	文胸、背心、腹带、短裤、棉毛衣裤、衬衣、裙子、裤子、袜子、床单
C 类（非直接接触皮肤的产品）	毛衣、外衣、裙子、裤子、窗帘、床罩、墙布、填充物、衬布

（二）纺织产品的理化性能安全要求

《国家纺织产品基本安全技术规范》中婴幼儿用品理化性能检测项目包括：耐水色牢度、耐汗渍色牢度、耐干摩擦色牢度、耐唾液色牢度、甲醛含量、pH 值、异味、可分解芳香胺染料等。与其他类型产品的检测项目相比，该类产品增加了耐唾液色牢度的测试。《国家纺织产品基本安全技术规范》中对服装的色牢度、甲醛含量、可分解芳香胺染料、异味、pH 值等健康安全指标都作了详细的规定（表 1－9）。

表 1－9 纺织产品的理化性能安全要求

项目		A 类	B 类	C 类
甲醛含量/（mg/kg）		20	75	300
pH 值		4.0～7.5	4.0～7.5	4.0～9.0
色牢度/级	耐水（变色、沾色）	3～4	3	3
	耐酸汗渍（变色、沾色）	3～4	3	3
	耐碱汗渍（变色、沾色）	3～4	3	3
	耐干摩擦	4	3	3
	耐唾液	4	－	－
异味		无		
可分解芳香胺染料		禁用		

1. 后续加工工艺中必须要经过湿处理的产品，pH 值可放宽至 4.0～10.5。

2. 洗涤褪色型产品不要求。

3. 在还原条件下染料中不允许分解出的致癌芳香胺清单。

二、GB/T 22704—2008《提高机械安全性的童装设计和生产实施规范》

中华人民共和国国家安全标准 GB/T 22704—2008《提高机械安全性的童装设计和生产实施规范》(2008 年 12 月 31 日发布,2009 年 8 月 1 日实施)适用于 14 周岁以下儿童穿着的服装,标准中对本规范的适用范围、规范性引用文件、术语和定义、信息交流、材料和部件、设计、生产步骤以及材料、服装的检验和测试均作了规定,我们仅对本规范中设计与技术人员最需要了解的信息交流、材料和部件、设计部分中的相关主要内容作一些摘录和解读。

(一)信息交流

本标准规定,设计部门与生产部门之间应进行信息交流,保证每个部门了解细节并向其他部门提供足够的信息,合作完成具有机械安全性的服装。信息交流包括可能发生的所有危险的评估结果。风险评估包括服装设计、结构、材料、部件对最终使用者产生的机械性危害。设计师必须事先向采购部门和生产部门提供有关材料部件的要求,可以采用文字、图片、样板或样衣的形式,包括:

——关于服装、设计意图、目标消费者年龄的描述;

——关于附在服装上所有纽扣或四合扣的位置的描述;

——关于附在服装上所有拉链的功能的描述;

——关于附在服装上所有黏扣带的位置的描述;

——关于嵌入服装中所有填充材料和泡沫的位置的描述;

——关于服装上所有松紧带的位置的描述;

——关于附在服装上所有绒球、蝴蝶结或花边的位置的描述;

——关于附在服装上所有绳索和缎带的位置的描述;

——关于附在服装上风帽的描述;

——风险评估描述。

(二)材料和部件

服装材料和部件应从质量有保证的生产商处采购,正确选择护理标签。按照护理标签要求重复整理后,部件不被损坏和破裂。评价服装安全性时需考虑后整理类别和频率，所有性能测试都应经过至少5次合适的后整理。

1. 面料

作为服装的组成部分，面料不应对穿着者产生机械性危险或危害。

用于支撑缝合部件（如纽扣）的面料在低负荷下不应被撕破，宜在部件缝合处使用加固材料。

2. 填充材料

用于衬里或絮料的填充材料不得含有硬或尖的物体。童装填充材料要使用较软、较轻、没有棱角的材料，便于儿童活动，同时不致对儿童的身体造成伤害。

3. 线

单丝缝纫线用于加工细薄织物或针织物，童装制作中不应使用单丝缝纫线。在低负荷下，缝合部件（如纽扣）的缝纫线不应被拉断，服装部件脱落强度按规定方法进行测试。

4. 不可拆分部件

（1）纽扣。

童装纽扣应进行强度测试。两个或两个以上钢硬部分构成的纽扣，容易引发组件分离或脱离服装的危险，不应用于3岁及3岁以下（身高90 cm及以下）童装。纽扣边缘不允许尖锐，防止造成危险。与食物颜色或外形相似的纽扣不允许用于童装。

（2）其他部件。

3岁及3岁以下（身高90 cm及以下）童装不应使用绒球。花边、图案和标签不能只用胶黏剂粘贴在服装上，应保证经多次服装后整理后不脱落。

5. 拉链

童装拉链的采购应遵循QB/T 2171—2001《金属拉链》标准、QB/T 2172—2001《注塑拉链》标准、QB/T 2173—2001《尼龙拉链》标准。比如标准中对拉链表面质量的规定要求，同一批号中布带色差应达到3级；同条拉链的布带色差应达4级；链带摩擦色牢度要达到3～4级；链带耐洗色牢度要达到3～4级；拉链表面色泽鲜艳，手感柔软、光滑，平、挺，咬合良好；整条拉链零部件齐全，链牙整齐，不得有缺牙、坏牙；拉链的下止无明显斜歪，拉开拉合时不得有拉头卡住上止、下止的现象；码装链带每百米长度接头不得超过 3 个。建议童装尽可能使用塑料拉链,因为塑料拉链可减轻夹住事故的伤害程度。

(三)设计

童装设计师在进行童装设计时不仅要考虑产品的所有号型、各年龄阶段儿童的活动能力,还要考虑童装在各种情况下的机械性危害,包括失足、滑倒、哽塞、缠绊、裂伤、血液循环受阻、窒息伤亡、勒死等,标准中对以下内容均作出了规定:

1. 绳索、缎带、蝴蝶结和领带

设计童装的绳索、拉链时,应符合 GB/T 22702—2008《儿童上衣拉带安全规格》(2008 年 12 月 31 日发布,2009 年 8 月 1 日实施)的规定。GB/T 22702—2008 中规定:7 岁以下的幼童上衣风帽和颈部不使用拉带。设计 7 岁以上儿童风帽和颈部的拉带,当服装平摊开至最大宽度时,风帽和颈部不应有突出的带袢;当服装扣紧至合身尺寸时,风帽和颈部的带绊周长不超过 15 cm。当服装平摊开至最大宽度时,童装腰部和下摆处的拉带露出绳带的长度每处每根均不应超过 7.5 cm;其他部位的拉带露出绳带的长度每处每根均不应超过 14 cm。

3 岁及 3 岁以下(身高 90 cm 及以下)童装上的蝴蝶结应固定以防止被误食,且蝴蝶结尾端不超过 5 cm。缎带、蝴蝶结的末端应充分固定保证不松开。可运用恰当的工艺技术,包括套结、热封或在绳索上使用塑料管套。

5 岁(身高 100 cm 以下)以下童装不允许使用与成年人领带类似的领带。儿童领带应设计为易脱卸,防止缠绕,可在领圈上使用黏扣带或夹子。

2. 棉絮料和泡沫

配有棉絮料或泡沫的服装,其填充材料不得被儿童获取,保证安全可靠。服装生产过程中应确保包裹填充料的缝线牢固,防止穿着时缝线断脱。

3. 连脚服装

室内穿着的连脚服装应增强防滑性,如在服装脚底面料上黏合摩擦面。连脚服装一般都是婴幼儿穿着的服装,而他们的自我保护意识和能力都不强,连脚服装的底部充当了袜子甚至室内鞋子的功能,所以,在设计时一定要注意与地面接触面的防滑性能。

4. 风帽

3 岁或 3 岁以下(身高 90 cm 以下)儿童的睡衣不允许带风帽;为童装设计风帽和头套时,把影响儿童的视力和听力的危害降至最低;设计师应对勾住、夹住危险进行评估,凡发生问题的地方应采取措施降低危害。

5. 装松紧带的袖口

袖口松紧带过紧或过硬会阻碍手或脚部的血液循环,特别是在婴儿服中需要注意,其设计应参照 GB/T 1335.3—2009《服装号型 儿童》。童装生产说明书中应包括伸缩性和弹性测试在内的面料使用记录、关键实验记录等。

6. 男童裤装拉链

5 岁及 5 岁以下(身高 100 cm 以下)男童服装的门襟区域不得使用功能性拉链。男童裤装拉链式门襟应设计至少 2 cm 宽的内盖,覆盖拉链开口,沿门襟底部将拉链开口缝住。

(四)生产步骤

中华人民共和国国家安全标准 GB 22704—2008《提高机械安全性的童装设计和生产实施规范》中还对生产步骤作了规定。童装生产中缝针控制程序非常严格,包括:确定 1 人负责缝纫针的发放;保证只有指定的人才能够发放新缝针;保证收回旧缝针后才发放新缝针;回收所有断针碎片或处理断针服装;记录所有断针事件和处理办法。

童装检验还要使用服装金属扫描探测仪,使服装免受金属污染,但不完全代替针控和其他程序。

对于纽扣,规定中要求,锁式线迹和手缝线迹的工序应得到有效控制,固定在服装上的纽扣应较牢固。链式线迹固定在服装上的纽扣容易脱落,因此不适用于 3 岁或 3 岁以下(身高 90 cm 及以下)童装。

(五)材料、服装的检验和测试

标准中还对材料、服装的检验和测试作了规定。比如对松线和浮线的检验规定,要求 12 个月以下(身高 75 cm 及以下)童装,在手或脚处不应有松线和长度超过1 cm 的未修剪的浮线,因为在人体足部或手部,如松散未修剪的绳线会包覆手指或脚趾,阻碍血液循环;对外部部件的检验规定,要求对服装制作完成后进行服装检测,不允许与服装无关的部件隐藏在服装内，连脚服装应翻出，保证检测的进行；对于组合部件的检验规定，不允许各部件由于面料破损、缝线损坏等原因，从服装上脱落。童装检验必须进行验针，断针是童装中否决性的缺陷。

（六）附录

GB/T 22704—2008《提高机械安全性的童装设计和生产实施规范》将服装对儿童可能产生的机械性危害列在附录中。比如附录 A.5：带有绳索的服装易导致勒伤、勾住和缠绊等伤害。非功能性绳索应尽量避免使用，功能性绳索可由安全的设计元素代替。用坚硬部件终结绳索末端，例如套环和铃铛等，可能会增加缠绊的危险，尤其是青少年服装。与成年人领带类似的传统领带易产生勒伤和缠绊的危险。附录 A.4 则列出了可拆分部件伤害：纽扣是服装意外事故和消费者投诉的最主要原因，其次是四合扣部件。当四合扣与服装分离时，其尖爪暴露在外，给穿着者带来伤害。纽扣、套环、花边等许多部件与服装分离，可能会给儿童带来伤害，特别是 3 岁及 3 岁以下的儿童。儿童把服装部件放入嘴、鼻子、耳朵里，造成窒息危险。此外，标准中还将服装部件脱落强度的测试方法、纽扣强度的测试方法等分列在附录中。

三、SN/T 1522—2005《童装安全技术规范》

中华人民共和国出入境检验检疫行业标准 SN/T 1522—2005《童装安全技术规范》（2005 年 2 月 17 日发布，2005 年 7 月 1 日实施）规定了童装的安全技术要求、试验方法、抽样和检验规则，童装的其他性能按有关的产品标准执行。本标准适用于各类儿童穿着的服装，对婴幼儿装的定义为年龄在 24 个月以内的儿童穿着的服装。本标准将童装按最终用途分为婴幼儿装和其他童装，其他童装又分为直接接触皮肤童装和不直接接触皮肤童装。

（一）外在质量

标准中规定童装附件应耐用、光滑、无锈、无缺件，不允许有毛刺、可触及性锐利边缘和尖端；3 岁及以下儿童穿着的服装不应使用在外观上与食物相似的附件；3 岁及以下儿童穿着的服装不应使用含有刚性成分的组合纽扣，组合纽扣为两种或两种以上不同材料通过一定的方式组合而成的纽扣；不允许有昆虫、鸟类和啮齿类动物及来自这些动物的不卫生物质颗粒；颗粒状填充材料的最大尺寸小于或等于 3 mm 时，应有内胆包裹；不允许有断针；附带供儿童玩耍的小物品，应符合 GB 6675—2003《国家玩具安全技术规范》（2003 年 10 月 9 日发布，2004 年 10 月 1 日实施）的要求；标识及使用说明符合 GB 5296. 4—1998《消费品使用说明纺织品和服装使用说明》和 GB/T 1335. 3《服装号型　儿童》的要求。

（二）内在质量

童装面料的甲醛含量、pH 值、色牢度（耐水、耐汗渍、耐干摩擦、耐唾液）、异味、可分解芳香胺染料符合 GB 18401 的要求。3 岁以上、8 岁以下儿童穿着的服装上的附件如能容入 GB 6675—2003 中 A. 5. 2 测试要求的小零件试验器，应设警示说明。警示示例如下："警告！内含小件物品，可能产生窒息危险，不适合 3 岁及以下儿童穿着！"此外，标准中还要求面料燃烧性能、附件镍标准释放量以及填充材料的安全、卫生指标等均要符合相关标准。

（三）包装

童装包装物及童装包装过程中使用的定型用品不得使用金属材料；内外包装材料应清洁、干燥；使用印有文字、图案的包装袋，其文字、图案不应污染产品。

包装用的塑料薄膜袋或面积大于 100 mm × 100 mm 的软塑料薄膜厚度应符合 GB 6675—2003 的要求；塑料薄膜（袋）需附安全警示，塑料薄膜（袋）上应有类似下述警示：

——"及时将包装袋收好，避免儿童玩耍引起窒息。"

——"应远离儿童，塑料薄膜会吸附在鼻子和嘴上并使人窒息。"

四、FZ/T 81014 – 2008《婴幼儿服装》

中华人民共和国纺织行业标准 FZ/T 81014—2008《婴幼儿装》（2008 年 4 月 23 日发布，2008 年 10 月 1 日实施）规定了婴幼儿服装产品的术语和定义、号型规格、要求、检验（试验）方法、检验分类规则以及标志、包装、运输和贮存等技术特征。

该标准适用于以纺织机织物为主要原料生产的婴幼儿服装及套件。婴幼儿服饰产品可参照本标准执行。此标准作为婴幼儿纺织品中机织产品的补充，与 FZ/T

73025—2006《婴幼儿针织 服饰》(2006 年 11 月 3 日发布,2007 年 4 月 1 日实施)配合使用,基本涵盖了日常使用的所有婴幼儿纺织品。

(一)理化性能安全要求

该标准主要针对 24 个月及以内的婴幼儿制定,有其一定的特殊性,标准中对甲醛含量、PH 值、耐唾液色牢度的合格品要求为强制性条文。标准明确规定,婴幼儿服装服饰中的可萃取重金属扣,砷含量不得超过每千克 0. 2 mg,铜不得超过每千克 25 mg;最受家长们关注的甲醛含量小于或等于每千克 20 mg;为了保证衣服不刺激婴幼儿娇嫩的肌肤,其 pH 值必须限定在 4. 0 至 7. 5 之间。标准还明确要求,婴幼儿服装中禁用可分解芳香胺染料,并不得存在异味。婴幼儿服装的理化性能指标测试中增加了耐唾液色牢度和耐湿摩擦色牢度,要求耐唾液色牢度≥4 级,耐湿摩擦色牢度为 3 ~ 4 级。优等品的色牢度全部要求达到 4 级以上。

(二)缝制

婴幼儿服装针距密度的要求如下:

除特殊需要外,婴幼儿服装明、暗线的针距密度每 3 cm 10 ~ 14 针;包缝线每 3 cm 不少于 9 针;肩缝、袖窿、领子处的手工针每 3 cm 不少于 9 针,其他部位手工针每 3 cm 不少于 7 针;三角针每 3 cm 不少于 5 针。以单面计算,细线锁眼 1 cm 不少于 12 针,粗线锁眼 1 cm 不少于 9 针,装饰线除外;细线钉扣每孔不少于 8 根线,粗线钉扣每孔不少于 4 根线,缠脚线高度与止口厚度相适应。

婴幼儿服装各部位的缝份不小于 0. 8 cm,所有外露缝份应全部包缝;耐久性标签内容清晰、正确,内衣成品的商标、耐久性标签应缝制在衣服外表面;领口、帽边不允许使用绳带,成品上的绳带外露长度不得超过 14 cm;印花部位不允许含有可掉落粉末和颗粒,绣花或手工缝制装饰物不允许有闪光片和颗粒状珠子或可触及性锐利边缘及尖端的物质;婴幼儿套头衫领圈展开(周长)尺寸不小于 52 cm。

(三)其他

婴幼儿服装的面料、辅料按有关纺织面料标准选用达到婴幼儿服装合格品质量要求的面料;采用与所用面料性能、色泽相适合的里料,特殊需要除外;填充物采用具有一定保暖性的天然纤维、化学纤维或动物毛皮,填充物絮片应符合 GB 18383 的要求。

针对婴幼儿爱拉拽衣物、咬衣服的特点，标准规定，纽扣、装饰扣、拉链及金属附件不得有毛刺、可触及性锐利边缘、可触及性锐利尖端及其他残疵，且洗涤和熨烫后不变形、不变色、不生锈，拉链的拉头不可脱卸。各部位熨烫平服、整洁，无烫黄、水渍、亮光。使用黏合衬部位不允许脱胶、渗胶及起皱。

另外，婴幼儿纺织品还应符合 GB 5296. 4—1998《纺织品和服装使用说明》(1998 年 8 月 24 日发布，2000 年 1 月 1 日实施)的基本原则、标注内容和标注要求以及 GB 18401 的规定，婴幼儿装在产品标识上要注明不可干洗，还要符合 FZ/T 01053—2007《纺织品纤维含量的标识》(2007 年 7 月 12 日发布，2007 年 11 月 1 日实施)中纤维含量的标签要求、标注原则、表示方法、允许偏差以及标识符合性的判定等。

五、SN/T 1932. 8—2008《进出口服装检验规程　第 8 部分：儿童服装》

中华人民共和国出入境检验检疫行业标准 SN7T 1932. 8—2008《进出口服装检验规程　第 8 部分：儿童服装》(2008 年 4 月 29 日发布，2008 年 11 月 1 日实施)中规定了进出口梭织儿童服装内在质量、外观质量的检验以及抽样、检验条件和检验结果的判定。本部分适用于各类进出口梭织面料童装的检验，以梭织面料为主的镶拼服装参照使用。本部分适用于年龄在 14 岁及以下的儿童穿着的服装，其中婴幼儿服装是指年龄在 36 个月(3 岁)及以下的婴幼儿穿着的服装。

(一)内在质量的安全性能检测

纤维含量检测、游离水解的甲醛含量检测、PH 值检测、色牢度检测、异味检测、可分解致癌芳香胺染料检测等按 SN/T 1649—2005《进出口纺织品安全项目检验规范》(2005 年 9 月 30 日发布，2006 年 5 月 1 日实施)的规定执行。而在 SN/T 1649—2005 中，纺织品的基本安全技术要求直接引用了 GB 18401—2003《国家纺织产品基本安全技术规范》中的技术要求，并列入标准的正文。

婴幼儿服装可能被幼儿抓起或牙齿咬住的附件应作抗扭力测试和抗拉强力测试；婴幼儿服装的附件涂有染料、油漆或颜料的特定元素迁移按 GB 6675—2003 中相关规定执行；填充材料安全卫生指标和内充羽绒材料均应符合相关标准。本标准还以附录形式列出了部分国家对童装的安全技术要求。比如对于甲醛的规定一项，欧盟生态纺织品标签(Eco - Labelling)对婴幼儿纺织品、内衣及床上用品的甲醛含量规定为甲醛/(mg/kg)≤30;瑞士等20国 Oeko - Tex Stand100 - 2005 则要求婴幼儿用品(Ⅰ类)不可检出甲醛;法国官方公报 97/014/F 规定对 36 个月以下婴幼儿用品,甲醛/(mg/kg)≤20;芬兰纺织品中甲醛限量法令(210/1998)和挪威环境部有关纺织品中化学物质的法规对 2 岁以下婴幼儿使用的产品的甲醛规定均为甲醛/(mg/kg)≤30。

(二)外观质量的安全性能检测

本标准规定童装附件应耐用、光滑、无锈、牢固、无缺件,不允许有毛刺、可触及性锐利边缘和尖端,其中附件主要包括:纽扣、金属扣件、拉链、绳带、商标及标志,各类附着物及随附儿童玩要的小物品。童装中不允许有断针出现,如发现断针则判定全批产品不合格。童装不应有昆虫、鸟类和啮齿类动物及来自这些动物的不卫生物质颗粒。婴幼儿服装有绳带、弹性绳或易散绳带盘绕饰物,绳带长度不超过 20 cm,大于时则不可连有可能使其缠绕形成活结或固定环的其他附件。随附供儿童玩要的小物品应符合 GB 6675—2003 的相关规定。

本标准对童装的针距密度也作了规定,规定要求童装明、暗线的针距密度每 3 cm 不少于 12 针;三线包缝每 3 cm 不少于 9 针;五线包缝每 3 cm 不少于 11 针;锁眼每 1 cm不少于 8 针。装饰线除外。

除上述中华人民共和国国家标准外,常用的童装相关标准还有很多,比如中华人民共和国国家标准 GB/T 22702—2008《儿童上衣拉带安全规格》(2008 年 12 月 31 日发布,2009 年 8 月 1 日实施)、中华人民共和国国家标准 GB/T 22044—2008《婴幼儿服装用人体测量的部位与方法》(2008 年 6 月 18 日发布,2009 年 5 月 1 日实施)、中华人民共和国国家标准 GB/T 23155—2008《进出口儿童服装绳带安全要求及测试方法》(2008 年 12 月 30 日发布,2009 年 9 月 1 日实施)、中华人民共和国国家标准GB/T 1335.3—2009《服装号型　儿童》(2009 年 3 月 19 日发布,2010 年 1 月 1 日实施,代替 GB/T 1335.3—1997)、中华人民共和国纺织行业标准 FZ/T 81003—2003《儿童服装、学生服》(2003 年 2 月 24 日发布,2003 年 7 月 1 日实施,代替 FZ/T 81003—1991)等,童装设计师应该对与童装设计相关的各种中华人民共和国国家标准以及国外相关标准都要详细了解,才能在实践设计中按相关规定进行相关童装的设计。

第二章 婴儿装的纸样设计

图 2-1

第一节　婴儿的体型及服装设计

婴儿是指0～12个月的儿童，身高为52～80 cm，头身比约为1∶4。其中0～3个月的婴儿头大、脸小、颈短、肩圆且小，胸部与腹部较突出，背的曲率小，虾米腿（图2－1）。此阶段的婴儿醒的时间少，多数在睡觉，基本是仰卧姿势，运动时间少，上肢与躯体接近垂直状态。4～7个月的婴儿醒的时间与运动的时间增加，能够翻身，俯卧能举起头和肩，上肢可向前方举起，下肢能弯曲，手脚不停的运动。7～12个月的婴儿可以做扭转运动，会坐，扶着东西可以站起来，运动量与活动范围急速增加，胸部突出仍然明显（图2－2）。

图2－2

总结起来，婴儿有四大特点：一是骨骼十分脆弱，身体呈筒形，没有明显的三围区别，头围和胸围尺寸相近。二是生长发育特别快，服装要比较宽大，能适应一定时期的穿着。三是皮肤娇嫩，容易因外界刺激受伤，且生理器官处于发育阶段，其服装相对于成人装而言舒适性较高；同时，皮下毛细血管丰富，易出汗，但汗腺发育不完全，导致自身调节气温的能力较弱，不能适应冷热变化，需要服装来帮助调节。四是刚出生的婴儿睡眠时间较长，但随着成长月份的增加而渐渐减少，活动量渐渐增加，服装在这个时期也是寝具的延伸。根据这些特点，婴儿装设计应注重服装的功能性和安全性，以实用性为主。

婴儿期的成长规律如表 2－1 所示。

表 2－1　婴儿期的成长规律

成长月份	生理发育特点
0～2 个月	基本处于睡眠与静止状态
3 个月	睡眠 14～15 小时/天
4～5 个月	自己翻身
6～7 个月	自己坐起
8～9 个月	长牙
12 个月	开始走路

婴儿装的款式结构应以简洁、宽松为主，易脱易穿，没有明显的性别差异。以前开襟为主，配合肩部和侧缝开口，尽量少用纽扣、拉链之类的辅料，用绳系或尼龙软按扣，以免伤害婴儿的肌肤。不宜在衣裤上使用松紧带，以保证衣裤的平整光滑。不能有太多扣袢饰物，以免误食或划伤皮肤。婴儿颈部很短，以无领为主。衣服、帽子或围嘴上面的绳带不宜太长，以免婴儿翻身或伸胳膊和腿时被缠住；裤门襟开合要适当，以方便换尿布等清洁工作，尿不湿的发明使婴儿清洁工作的繁琐程度稍有改观。在裤子的围度上需要放松量，以便放入体积较大的尿布。

婴儿装的种类一般有罩衣、连衣裙、组合套装、斗篷、背心、睡袋、围嘴、尿不湿、帽子等。罩衣和围嘴可以防止婴儿的口水与食物弄脏衣服，具有卫生、清洁的作用（图 2－3、图 2－4）。

婴儿装的色彩一般以白色、浅色、柔和的暖色为主，可以适当装饰一些绣花图案，有时也使用深蓝色、黑色、咖啡色等常用色，但是相对较少。白色可以避免因染料过敏对婴儿皮肤产生伤害，柔和的浅色、暖色则可以衬得婴儿的小脸娇嫩可爱。婴儿的视

图 2－3

图 2－4

觉发育尚不完善，一般不宜使用大红色等视觉刺激较强的色彩，而应以各种淡雅的色彩为主或者使用小碎花和小图案配色。

婴儿装面料的选择，从湿热性能考虑，应有较好的吸湿性、透气性和保暖性，帮助婴儿调节体温，适应气候环境。婴儿装经常洗涤，面料应具有一定的耐洗性。婴儿装面料的安全性能一般从两个方面考虑：首先，考虑面料的静电性能，服装静电对成人几乎没有损伤，但对婴儿的肌肤有很大的影响，因此，要求婴儿装面料几乎不起静电，尽量不使用化纤类面料；其次，需考虑面料中有害的化学物质，这些物质一般在染色和后整理的过程中吸附在面料上，对婴儿肌肤的伤害很大，在面料选择中应加以注意。从压力性能考虑，婴儿装面料的压力舒适性限值较低，因此面料要求比较轻，不宜选择厚重的面料，如牛仔布等。从经济方面考虑，婴儿装穿着时间较短，不适于选择价格较高的面料，以适合婴儿特点的精梳棉为主。精梳棉是指在纺纱的过程中，增加了精致梳理的程序，做法是梳去较短的纤维，并剔除棉花中的杂质，以制造出平滑的纱线，让棉花更具韧性，不易起毛球，棉花的品质也更加稳定。精梳棉纺出的纱较细且品质较好，精梳棉纱制成的布料在质感、耐洗与耐用度上都有较高的品质水准（图 2－5）。

婴儿睡眠的时间长而且不会自行翻身，因此，衣服的结构应尽可能减少机缝线，不宜设计有腰线或育克的服装，不至于伤害皮肤。婴儿没有自理能力，设计婴儿装的另一要点是强调结构的合理性和安全性。结构因简洁、舒适而方便，既注意造型的舒适性，同时也要注意扣系结构的合理运用。婴儿装开合设计的合理性在设计中十分重

图 2－5

要，婴儿基本上都为仰卧姿势，所以开合口门襟应在前胸、肩部或侧边，以方便大人为孩子穿脱衣。婴儿装多使用交叉领和扁平带子设计，衣服只需缝一道侧缝线，十分柔和适体(图 2－6)。

图 2－6

第二节　婴儿装纸样设计的参考尺寸

国家服装号型系列给出了儿童服装基本的号与型的尺寸。婴儿测量尺寸较困难，其他控制部位尺寸及细部尺寸根据婴儿的特征进行计算。有时婴儿各部位比例关系可通过背长和胸围的比例推算：

背宽＝背长或稍大些；

胸宽＝背长；

肩宽＝1/3 背长；

臀高(从腰围线至臀围线)＝1/2 背长；

膝长(从腰围线至膝盖)＝3/2 背长；

腿长(从腰围线至脚踝骨)＝5/2 背长；

臂长＝3/2 背长(大号中稍大些)；

袖窿弧长＝1/2 胸围(稍偏上或偏下)；

领围弧长＝1/2(胸围－(2～4)cm)；

上臂长＝1/3 胸围(稍大些)；

腰围＝胸围＋(0～1)cm 或胸围－(0～1)cm(年龄越小,与胸围相比,腰围应越大)。

值得注意的是,以上各部位比例关系会受到儿童年龄及体型发育状况的影响。较大的儿童四肢增长较快,较小的儿童四肢增长较慢,因此,较大儿童应多留出一定的余量。年龄较大的儿童,胸围、腰围、臀围尺寸差异较大,而较小的儿童,这些部位的尺寸几乎相同,在纸样设计中应加足够的放松量(图 2－7)。婴儿装规格部位尺寸表参见表 2－2。

图 2－7

表 2－2　婴儿装规格部位尺寸表　（单位：cm）

部位＼数值＼月龄	新生儿	3 个月左右	6 个月左右	9 个月左右	12 个月左右
身高	52	59	66	73	80
净胸围	40	42	44	46	48
背长	16	17	18	19	20
肩宽	17	18	19	20.5	22
颈根围	22.5	23	23.5	24.5	25.5
手臂长	17	19	21	23	25
净袖窿深	9.5	10	10.5	11	11.5
手腕围	10	10	10.5	11	11
净腰围	41	42	43.5	45	47
净臀围	40	42	44	47	50
上裆长		13	14	15	16
下裆长		18	22	26	31
脚长		9	10	11.5	13
手掌围		11	11.5	12	13
头围	38	40	44	46	48
腰高				40	45

第三节　婴儿装的纸样设计原理

婴儿的活动范围较小，适合的上衣品类也较少，通常分为内衣类和外衣类两种。内衣类包括各种衬衫、连身衣，外衣类包括适合较小婴儿外出的套服、睡袋衣和适合较大婴儿外出的披风等。婴儿上衣结构形式比较简单，满足婴儿成长的功能性和实用性要求即可（图2－8、图2－9）。

图2－8

图2－9

一、婴儿上衣常见的各部位变化形式

（一）领部的外形设计

1. 圆领口

领口尺寸随内、外衣品类不同在颈根围的基础上有不同的加放尺寸，范围一般在 1 ~ 4 cm之间。领部设计形式应适应婴儿较短的脖颈，领线型圆领口在婴儿装设计中应用非常广泛（图 2 – 10）。

2. 无领腰的平领

婴儿颈部较短，领腰可造成婴儿穿着服装时的不适，婴儿装应采用较低领腰或无领腰的领型，以平领为主，设计时在肩部进行少量搭接或不搭接（图 2 – 11）。

图 2 – 10

图 2 – 11

（二）袖型的外形设计

1. 插肩袖型

此袖型也是一种常见的婴儿装衣袖设计形式，袖中采用肩斜的斜度，以充分适应婴儿最初几个月的“大字形”体位（图 2 – 12）。

2. 装袖袖型

袖窿尺寸应在净袖窿深的基础上加放一定松量，以便于婴儿的活动。装袖设计中，袖窿与袖山尺寸吻合（图 2 – 13）。

3. 中式连肩袖型

此袖型腋下有足够的活动量，连袖设计缝线少且易于活动，非常适于婴儿穿着。

图 2－12　　　　图 2－13

设计时应注意袖窿尺寸不宜太小，在净袖窿深的基础上加放一定松量（图 2－14、图 2－15）。

各种袖型的袖口均可采用普通散口或抽褶、抽带的形式，但应注意袖口松量，袖口不宜紧勒婴儿腕部。根据季节，袖长可做成长袖、8 分袖、5 分袖和 3 分袖，3 分袖的袖口尺寸不应小于臂根围 +4 cm。

图 2－14　　　　图 2－15

（三）衣长的外形设计

普通上衣的后衣长约为背长 + 上裆尺寸，或者为 7/4 背长尺寸，前衣长设计应考虑婴儿腹凸。

（四）下摆的外形设计

下摆尺寸随衣长的变化而变化。为了母亲操作方便和婴儿穿着舒适，下摆需展开一定的量，衣长越长，展开的量越大，长于体长的婴儿裙展开量时可以达到胸围尺寸（图2－16）。

图2－16

第四节　宝贝衫的纸样设计

宝贝衫是婴儿必备的服装之一。婴儿生长较快，服装因成长需要增加围度，有时需要加宽里襟。新生儿上衣的衣长不应该太长，应在臀部以上，以防尿湿后衣摆。闭合形式可采用偏襟系带（该设计在婴儿贴身衬衫中应较多，前襟宽大的重叠量用于保护婴儿娇嫩的腹部）（图2－17），也可采用系扣，但应注意纽扣的材料，不应使用金属纽扣。可采用新式无爪按扣，该按扣比普通按扣质薄、体轻，颜色多种多样，而且扣合比较牢固。根据不同季节，袖长可定为3分袖、5分袖、8分袖和长袖。长袖袖口宽度应

图2－17

足够让成人的手进入，方便穿衣。面料可选用机织的纯棉细平布、绒布和泡泡纱等（图2－18、图2－19）。

图2－18

图2－19

一、偏襟中式宝贝衫

偏襟中式宝贝衫又称为“毛毛衫”。由于历史上长期的封建闭塞，人们对婴儿的生死、祸福很少从医学和婴儿生理卫生的角度来认识，而是归咎于邪气、魔鬼。因此，被称之为“毛毛衫”的婴儿服装一直被人们采用。“毛毛衫”上经常绣上精美的动物、虫草等图案，用来保护婴儿，驱走鬼怪，象征吉祥幸运。传统的婴儿服饰做工十分精美，闪烁着我国劳动人民优秀民俗工艺的火花。但从现代服饰卫生学的角度来看，“毛毛衫”存在很多不足之处。比如繁琐的刺绣使婴儿装变得又厚又硬，会损伤婴儿细嫩的肌肤。

1. 款式风格

较宽松设计，无领，长袖，前片偏襟设计，闭合形式为系带（图2－20）。

图2－20

2. 面料选用

100%纯棉(柔软的精梳针织棉面料,环保印染)。

3. 适合年龄

出生3~6个月的婴儿,身高59~66 cm。

4. 规格设计

衣长=背长+臀高+5 cm;

胸围=净胸围+放松量(16 cm);

袖长(从后领中点到手腕部的尺寸)=1/2总肩宽+手臂长;

袖口=16 cm。

以3个月婴儿为例:

衣长=17 cm+8.5 cm+5 cm=30.5 cm;

胸围=42 cm+16 cm=58 cm;

袖长=9 cm+19 cm=28 cm。

5. 纸样结构图

纸样结构图见图2-21,图中单位为cm。全书纸样结构图中数据的单位均为cm。

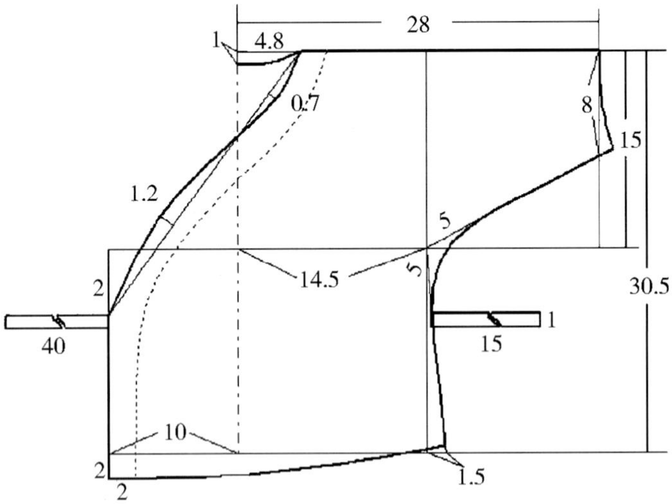

图2-21

二、前开襟宝贝衫

1. 款式风格

较贴体设计，无领，长袖，前中开襟，闭合形式为按扣（图 2 – 22）。

2. 面料选用

50% 木代尔，50% 棉。

3. 适合年龄

3 ~ 9 个月的婴儿，身高 59 ~ 73 cm。

图 2 – 22

4. 规格设计

衣长 = 背长 + 臀高 + 5 cm；

胸围 = 净胸围 + 放松量（12 cm）；

袖长 = 手臂长 – 3 cm；

肩宽 = 总肩宽 + 4 cm；

领围 = 颈根围 + 1 cm；

袖口 = 手掌围 + 4 cm。

以 6 个月婴儿为例：

衣长 = 18 cm + 9 cm + 5 cm = 32 cm；

胸围 = 44 cm + 12 cm = 56 cm；

袖长 = 21 cm – 3 cm = 18 cm；

领围 = 23.5 cm + 1 cm = 24.5 cm；

肩宽 = 19 cm + 4 cm = 23 cm；

袖口 = 11.5 cm + 4 cm = 15.5 cm。

5. 纸样结构图（图 2 – 23）

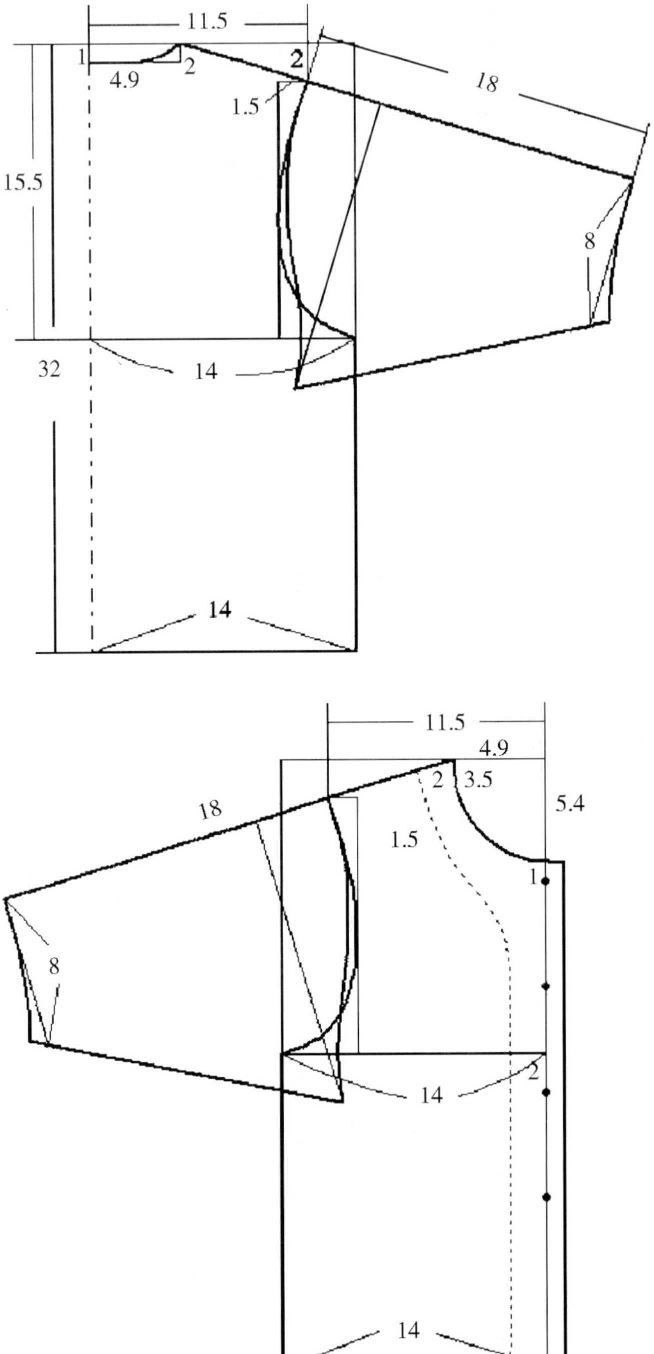

图 2－23

第五节　婴儿裤装的纸样设计

针对婴儿腹部凸出的体型，婴儿裤装款式主要分为普通裤装和连身裤装（图2－24、图2－25）。根据裤口形式的不同，又分为连脚裤和散脚裤（图2－26、图2－27）。在婴儿裤装设计中，应考虑到加放尿布的量，因此，长度方向和围度方向的量要适当加大。面料根据季节的不同而不同，夏季采用薄型机织纯棉平布、纯棉绒布、涤棉平布、薄型针织布等，春、秋、冬季采用纯棉纱卡、厚型绒布和灯芯绒布，也可制作成带有里料和絮料的棉裤。

图2－24

图2－25

婴儿裤装纸样设计尺寸有腰围、臀围、上裆、裤长、裤口等。由于婴儿使用尿布，且要求服装有较高的舒适性，因此婴儿裤装应有足够的松量，婴儿装臀部的松量应增加在围度和长度两个方面（图2－28）。

图 2 – 26

图 2 – 27

图 2 – 28

一、婴儿片式开裆裤的纸样设计

上下分体的裤装结构对婴儿的生长发育束缚较大，穿着时裤腰正好捆在婴儿的胸腹位置，日积月累，会严重影响婴儿腰围的正常发育和肺活量的增加，因此裤装设计应尽量采用连体裤装。但抽带裤具有穿脱便利的特点，在婴儿装中仍然被广泛采用。

1. 款式风格

宽松设计，腰部抽带，裆部开口，一片式结构，散裤脚（图 2 – 29）。

图 2－29

2. 面料选用

100%纯棉(柔软的精梳针织棉面料,环保印染)。

3. 适合年龄

0~6 个月婴儿,身高 52~66 cm。

4. 规格设计

臀围＝净臀围＋16 cm;

腰围＝臀围尺寸;

上裆长＝基本上裆尺寸＋5 cm;

裤长＝上裆长＋下裆长;

裤口＝20~24 cm(不同月龄、不同穿着状态取不同的数值)。

以 3 个月婴儿为例:

臀围＝42 cm＋16 cm＝58 cm;

上裆长＝13 cm＋5 cm＝18 cm;

裤长＝18 cm＋18 cm＝36 cm;

裤口＝20 cm。

5. 纸样结构图(图 2－30)

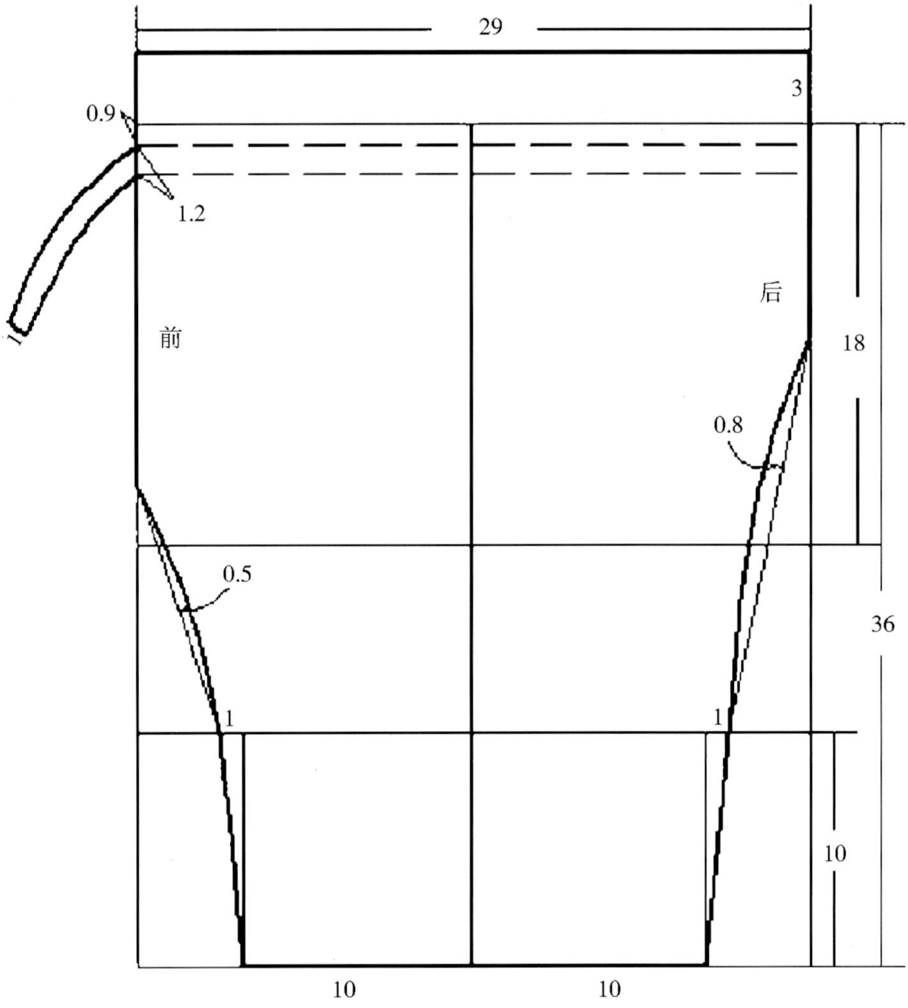

图 2 – 30

二、婴儿一片式有裆裤的纸样设计

1. 款式风格

宽松设计，腰部抽橡筋，裆部严密、无侧缝设计（图 2 – 31）。

2. 面料选用

100% 纯棉。

3. 适合年龄

3 ~ 12 个月的婴儿，身高 59 ~ 80 cm。

4. 规格设计

裤长 = 上裆长 + 下裆长；

上裆长 = 基本上裆长 +2 cm；

臀围 = 净臀围 + 放松量(16 cm)；

腰围 = 臀围尺寸；

裤口尺寸在制图过程中计算确定。

以6个月婴儿为例：

裤长 =16 cm +22 cm =38 cm；

上裆长 = 14 cm + 2 cm = 16 cm（不含腰头）；

臀围 =44 cm +16 cm =60 cm；

腰围 =60 cm。

图 2 -31

5. 纸样结构图(图 2 -32)

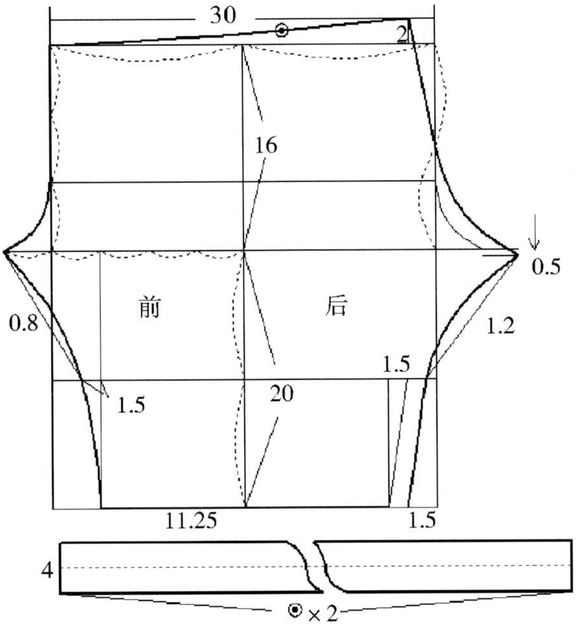

图 2 -32

三、婴儿两片式裤装的纸样设计

1. 款式风格

宽松设计，腰部抽橡筋，裆部严密、有侧缝设计（图 2－33）。

图 2－33

2. 面料选用

天鹅绒、纯棉。

3. 适合年龄

3～12 个月的婴儿，身高 59～80 cm。

4. 规格设计

臀围＝净臀围＋放松量（16 cm）；

腰围＝臀围尺寸；

上裆长＝基本上裆长＋2 cm（不含腰头）；

裤长＝上裆长＋下裆长；

裤口尺寸在制图过程中计算确定。

以 6 个月婴儿为例：

臀围 = 44 cm + 16 cm；

上裆长 = 16 cm（不含腰头）；

裤长 = 16 cm + 22 cm = 38 cm。

5. 纸样结构图（图 2 – 34）

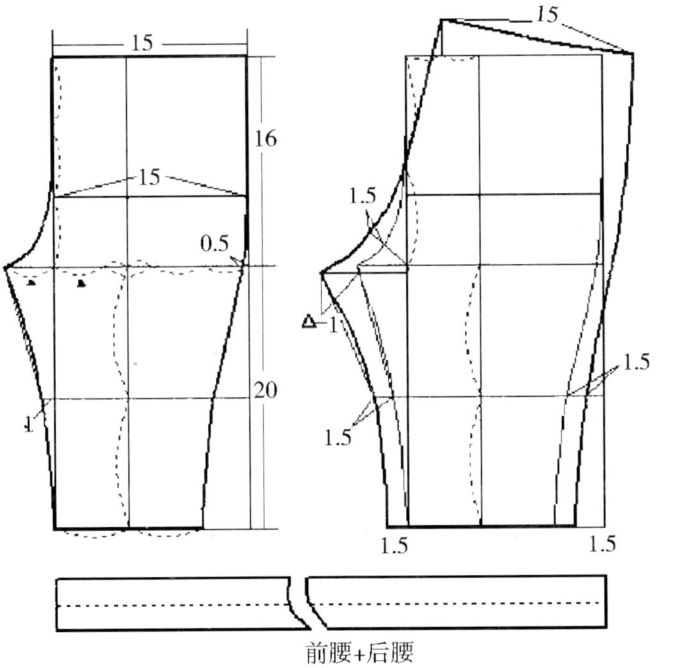

图 2 – 34

第六节　婴儿连身衣的纸样设计

连身衣是婴儿的主要着装形式，也是年龄偏小的幼童常见的着装形式，俗称“爬爬衣”、“哈衣”。连身衣是婴幼儿时期特别是婴儿期的着装，有着其年龄段需求的特殊性。连身衣基本款式为衣裤连接在一起，袖子有长袖、短袖和类似背心式的无袖，长袖连身衣较多使用插肩袖和连身袖，使婴儿的肩部有足够的活动量。下半身为短裤或者长裤设计，腰腹部有足够的加放量，看上去圆鼓鼓的，非常可爱；前门襟一直开到裆底，也有在裆底横开的款式，使用按扣闭合，裤裆低且肥，以便放尿布，连身衣可使婴儿活动时不会露出肚子，避免着凉（图2－35至图2－38）。

图2－35

图2－36

图2－37

图 2－38

一、婴儿连身背心

1. 款式风格

较宽松设计，无领，无袖，前片无门襟设计，闭合形式为在肩部设计按扣（图 2－39）。

2. 面料选用

天鹅绒、内带夹棉。

3. 适合年龄

出生 3～6 个月的婴儿，身高 59 ～66 cm。

4. 规格设计

衣长＝背长＋臀高＋5 cm；

胸围＝净胸围＋放松量（16 cm）；

袖长＝1/2 总肩宽＋手臂长；

袖口＝16 cm。

以 3 个月婴儿为例：

衣长＝17 cm ＋8.5 cm ＋5 cm＝30.5 cm；

胸围＝42 cm ＋16 cm＝58 cm。

图 2－39

5. 纸样结构图(图 2－40)

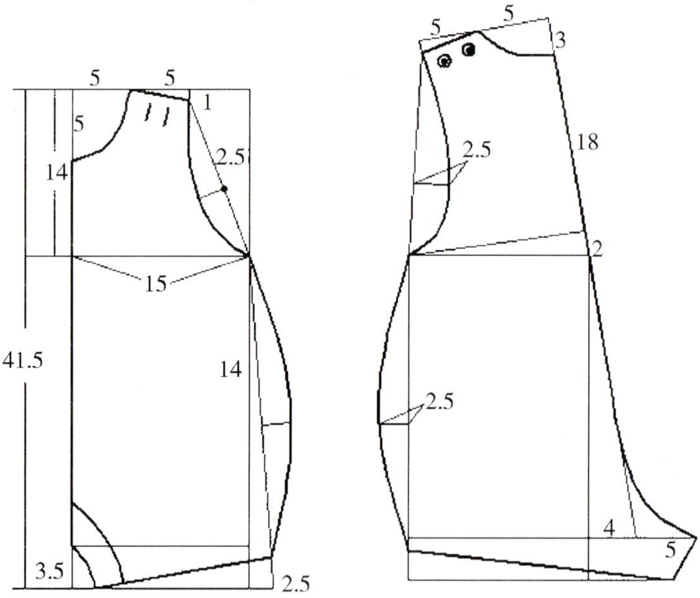

图 2－40

二、婴儿连体裤

连体裤装指裤子和衣身相连的服装，既能适合儿童凸出的腹部，增强舒适性，同时，在婴儿外出时又能增加保暖性，是一种非常实用的婴儿装。年龄较小的婴儿可以设计成连脚裤，既保暖又适于婴儿站立。

1. 款式风格

无领，长袖，衣身与裤装相连，腰部宽松，偏襟，弧形门襟，系扣，袖口、脚口弹力罗纹设计。

图 2－41

2. 适合年龄

3～9 个月婴儿，身高 60～73 cm。

3. 规格设计

衣长＝背长＋上裆长＋放松量（4 cm）＋下裆长；

胸围＝净胸围＋20 cm；

臀围＝净臀围＋30 cm；

肩宽＝总肩宽＋4 cm；

袖窿深＝净袖窿深＋5 cm；

袖长＝手臂长；

领围＝颈根围＋2 cm；

罗纹袖口长＝手腕围＋2 cm；

罗纹裤口长＝16 cm；

罗纹宽＝3 cm。

4. 纸样结构图（图 2－42）

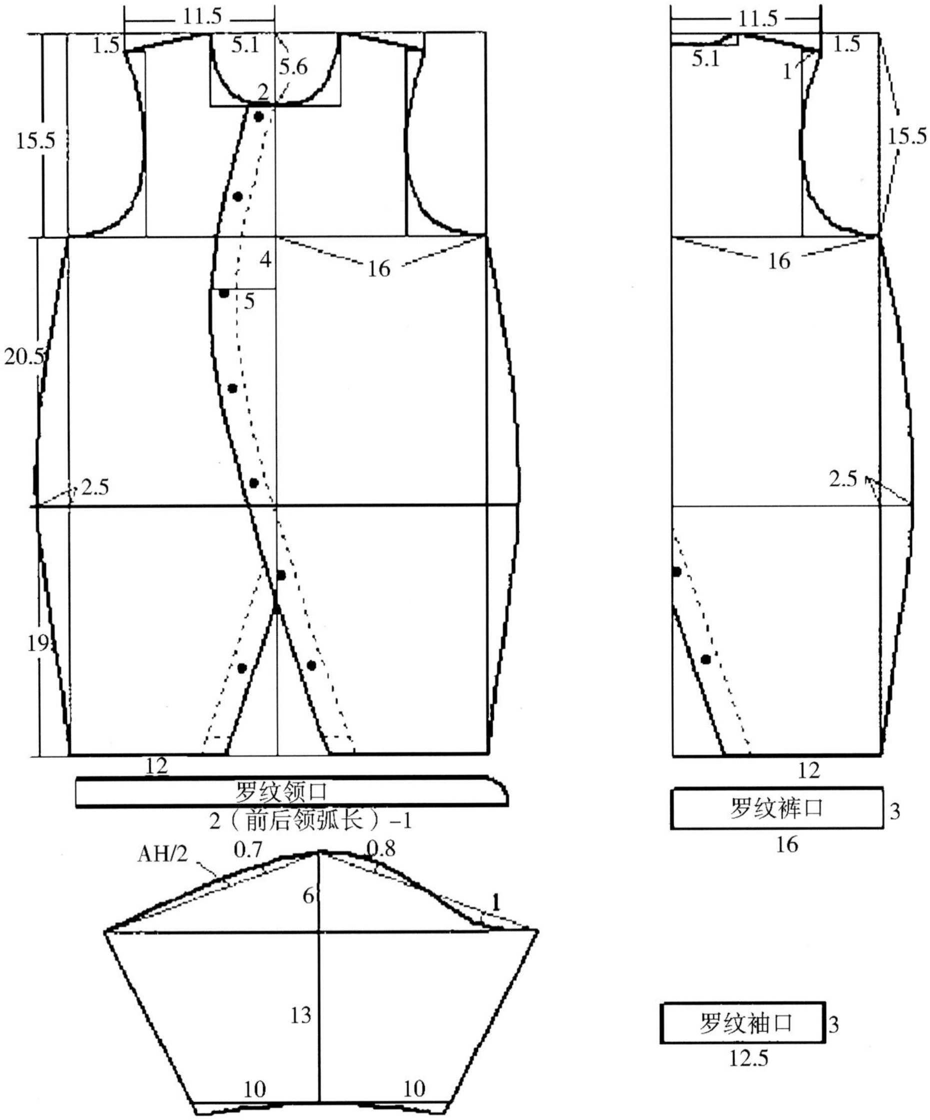

图 2－42

三、婴儿连体衣

1. 款式风格

无领、短袖，连体衣，下面为短裤，在裆底部闭合设计，方便婴儿换尿布或穿脱，一般为夏季婴儿穿着（图 2－43）。

图 2 -43

2. 适合年龄

3 ~12 个月婴儿。

3. 规格设计

衣长 = 背长 + 所需长度;

胸围 = 净胸围 +18 cm;

肩宽 = 总肩宽 + (4 ~6)cm;

袖长 = 所需长度;

领围 = 颈根围 +6 cm。

以 12 个月婴儿为例:

衣长 =19 cm +26 cm =45 cm;

胸围 =50 cm +18 cm =68 cm;

肩宽 =24 cm + (4 ~6)cm =28 ~30 cm。

袖长 =10 cm;

领围 =22 cm +6 cm =28 cm。

4. 纸样结构图(图 2 -44)

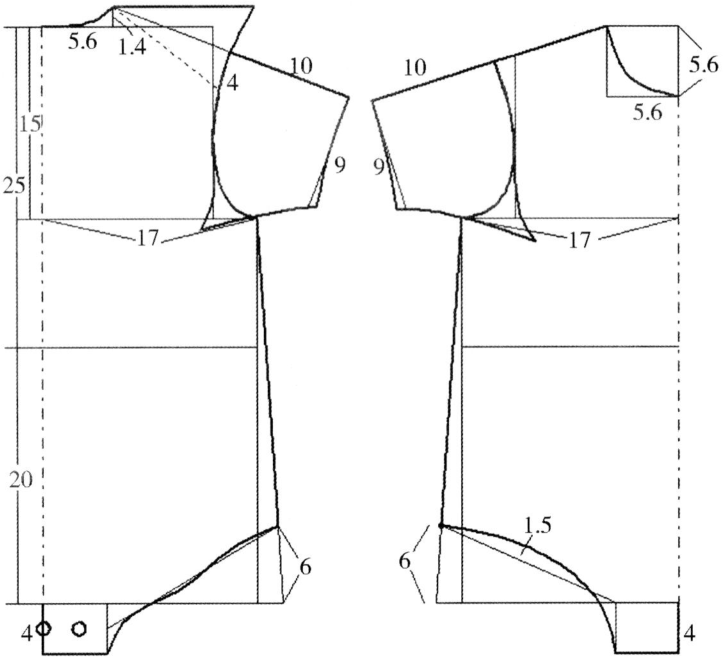

图 2－44

第七节　婴儿睡袋的纸样设计

睡袋衣是适合婴儿睡觉和外出时穿着的服装，其结构特点应适应婴儿的睡眠，同时考虑外出时内穿服装的需要，因此应具有足够的围度和长度松量。睡袋衣作为外衣穿着，应具有方便穿脱的特点，因衣长较长，所需纽扣较多，影响穿脱速度，同时系带和纽扣影响保暖，所以多采用拉链闭合形式，但应选用塑料拉链或尼龙拉链。根据季节不同，面料可选用纯棉绒布、纯棉毛巾布，或制作成带里料和絮片层的棉服。造型也可以根据婴儿的心理特征设计得可爱一些(图 2－45 至图 2－48)。

图 2－45

图 2－46

图 2－47

图 2－48

一、带帽婴儿睡袋

1. 款式风格

宽松长袖设计，前中心拉链闭合，带兜帽，下摆折起利于防寒，用纽扣扣合（图2-49）。

图2-49

2. 适合年龄

0~3个月的婴儿，身高约60 cm。

3. 面料选用

棉质绒布，内带棉内胆。

4. 规格设计

衣长=体长+10 cm；

胸围=净胸围+放松量(20 cm)；

袖长=手臂长+2 cm；

袖口=20 cm；

袖窿深=净袖窿深+6 cm；

领围=颈根围+4 cm；

肩宽=总肩宽+4 cm；

头围 =40 cm。

5. 纸样结构图(图 2 -50)

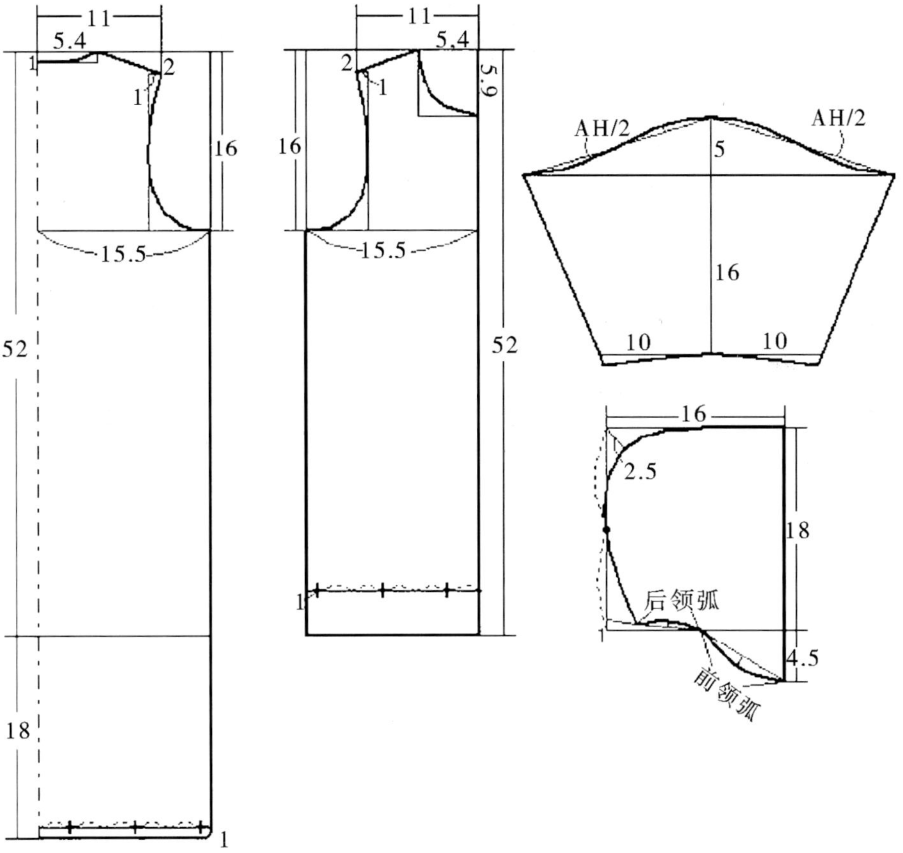

图 2 -50

二、婴儿睡袋

1. 款式风格

宽松长袖设计,前中心拉链闭合,龙断缝、收褶,下摆封口,用纽扣扣合(图 2 -51)。

2. 适合年龄

0 ~3 个月的婴儿,身高约 60 cm。

3. 面料选用

棉质外布,棉内胆。

4. 规格设计

衣长 = 体长 + 10 cm；

胸围 = 净胸围 + 放松量(20 cm)；

袖长 = 手臂长 + 2 cm；

袖口 = 20 cm；

袖窿深 = 净袖窿深 + 6 cm；

领围 = 颈根围 + 4 cm；

肩宽 = 总肩宽 + 4 cm；

头围 = 40 cm。

图 2－51

5. 纸样设计图(图 2－52)

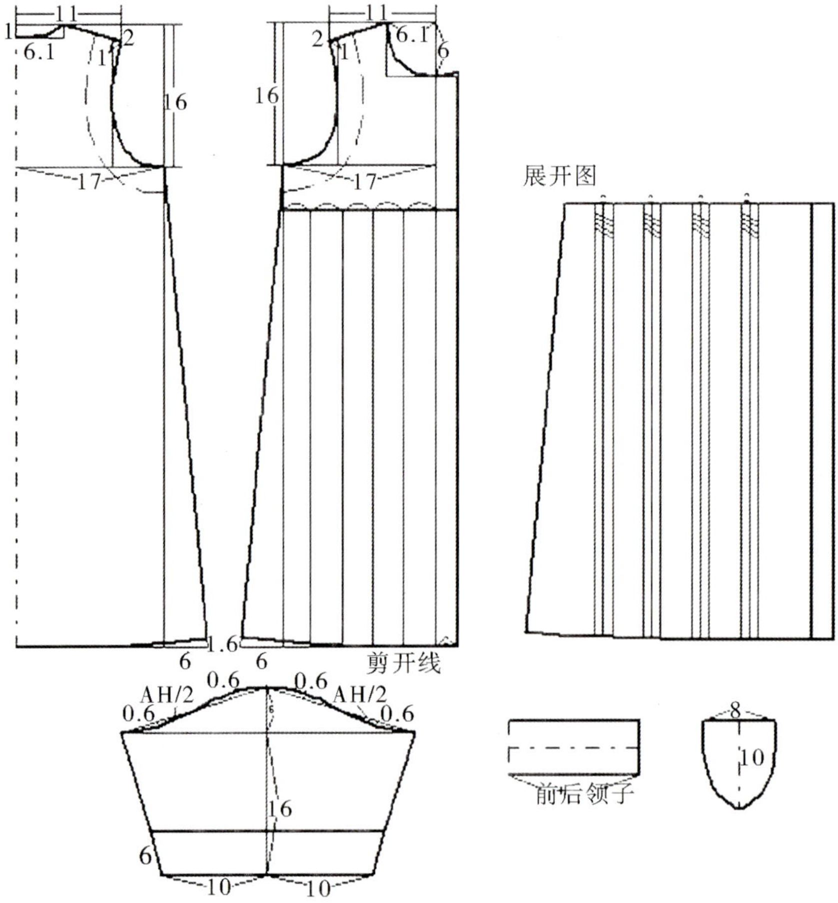

图 2－52

第八节　婴儿披风的纸样设计

披风是适合婴儿外出穿着的服饰品，长度比传统的婴儿斗篷要短（图 2－53），婴儿穿起来显得活泼可爱。披风有兜帽和绱领两种，适合于春、秋、冬季。披肩作为外衣穿着，多采用纽扣闭合。根据季节不同，面料可选用纯棉毛巾布、法兰绒、天鹅绒等，也可做成棉服等。

图 2－53

1. 款式风格

宽松休闲设计，帽领，前中闭合，图案装饰（图 2－54）。

2. 适合年龄

9～12 个月的婴儿，身高 73～80 cm。

3. 面料选用

棉质，精梳棉。

4. 规格设计

衣长 = 背长 +20 cm(或更长的尺寸);

胸围 = 净胸围 + 放松量(16 cm);

袖长 = 手臂长 +2 cm;

肩宽 = 实际肩宽 + 放松量(4 cm);

领围 = 颈根围 +4 cm。

以 9 个月婴儿为例:

衣长 =39 cm;

胸围 =42 cm;

肩宽 =24.6 cm

袖长 =25 cm。

图 2 -54

5. 纸样设计图(图 2 -55)

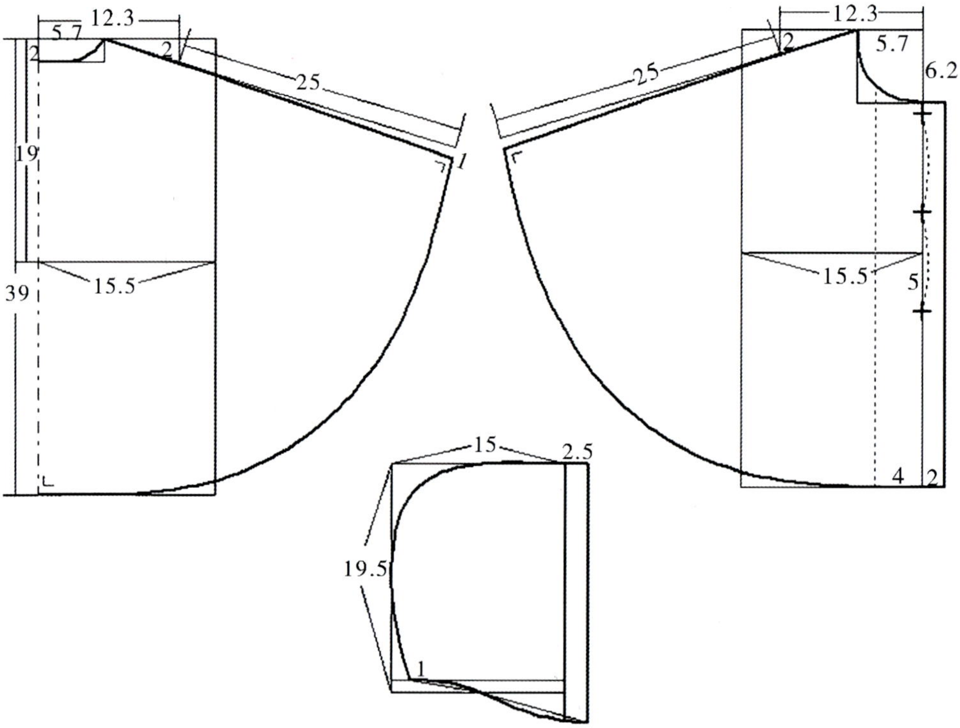

图 2 -55

第九节 婴儿背心套装的纸样设计

1. 款式风格

无领无袖背心，直身型圆摆，平脚短裤，适合婴儿夏季穿着（图 2－56）。

2. 面料选用

100% 棉（不起毛，抗缩水）。

3. 适合年龄

6 个月至 1 岁宝宝。

4. 规格设计

衣长 = 背长 + 臀高 +5 cm；

胸围 = 净胸围 + 放松量（12 cm）；

肩宽 = 总肩宽 －2.5 cm；

领围 = 颈根围 +2 cm；

臀围 = 净臀围 + 放松量（16 cm）；

腰围 = 臀围尺寸；

裤长根据款式定。

以 9 个月婴儿为例：

衣长 =19 cm +9 cm +2 cm =30 cm；

胸围 =46 cm +10 cm =56 cm；

肩宽 =20.5 cm －2.5 cm =18 cm；

领围 =24.5 cm +2 cm =26.5 cm；

臀围 =47 cm +（15 ~19）cm =62 ~66 cm；

图 2－56

裤长 =24 cm。

5. 纸样结构图(图 2 -57、图 2 -58)

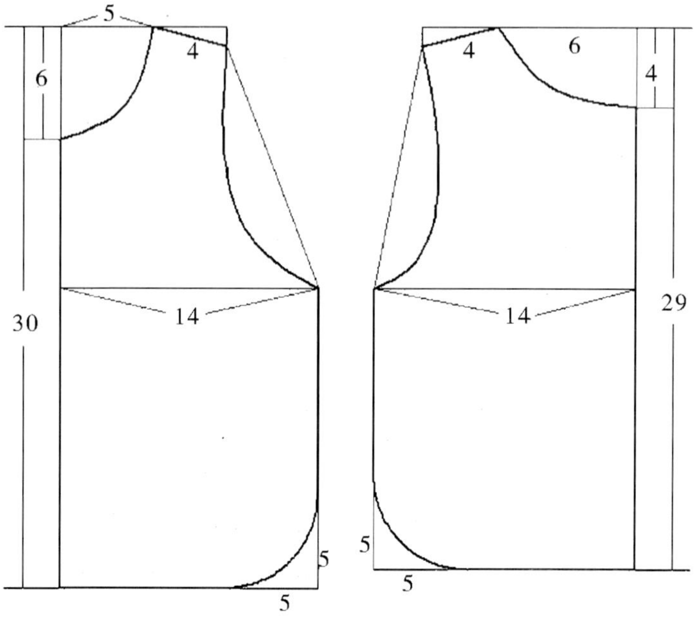

图 2 -57

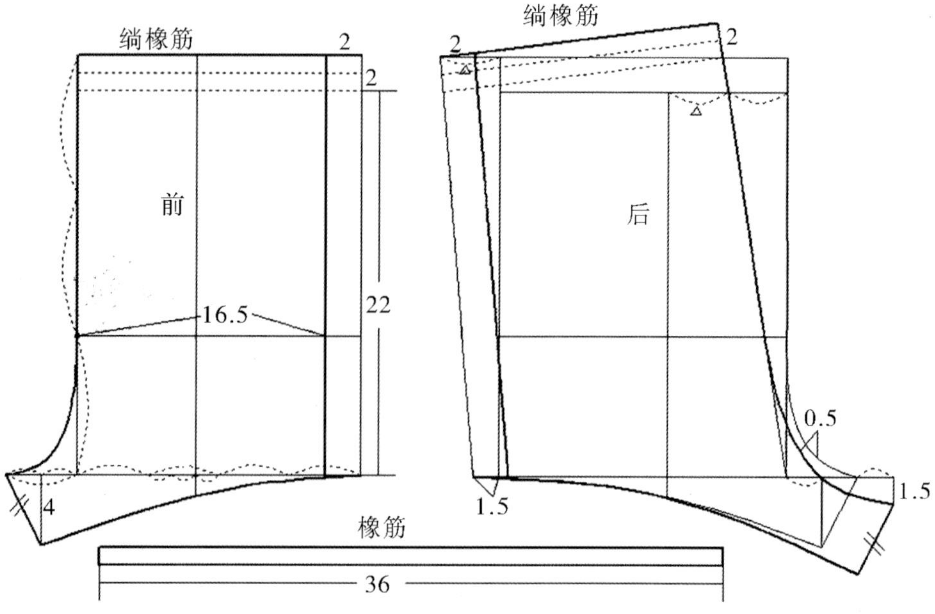

图 2 -58

第十节　婴儿服饰品的纸样设计

一、围嘴

围嘴是婴幼儿吃饭时为防止弄脏衣服而使用的一种特殊服装。围嘴后面是空的，使用绳带设计，挂在脖子上或系在腰背部，基本没有完整的领子，领围处通常是弧形自然的半圆形设计，有的围嘴只在前胸部使用，大小如同一片手帕，使用一根封闭式的带子直接挂在脖子上或两边各一条带子系在脖子上。围嘴的面料以全棉面料居多，通常设计正反面，反面是防水层设计。许多围嘴还在底部有接饭兜的设计，防止掉落的食物残渣遗漏在服装上，方便清洗(图 2－59、图 2－60)。

图 2　59

图 2－60

（一）款式一

1. 款式图(图 2－61)

2. 面料和底料

面料为 100% 涤,底料为 pu 高弹胶。

3. 纸样结构图(图 2－62)

图 2－61

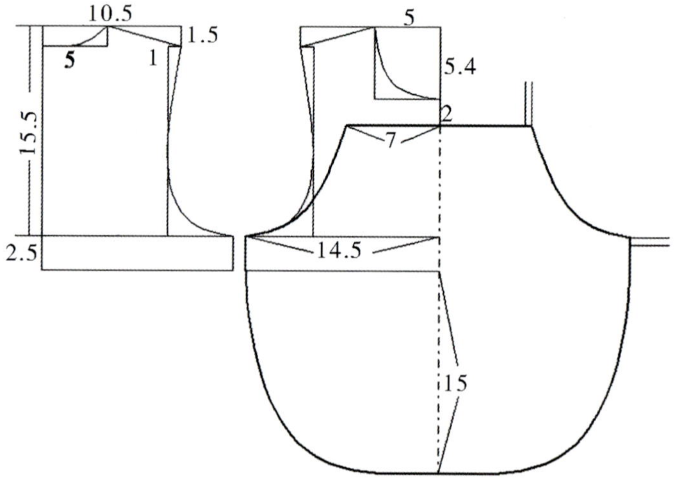

图 2－62

（二）款式二

1. 款式图（图 2－63）

2. 纸样结构图（图 2－64）

图 2－63

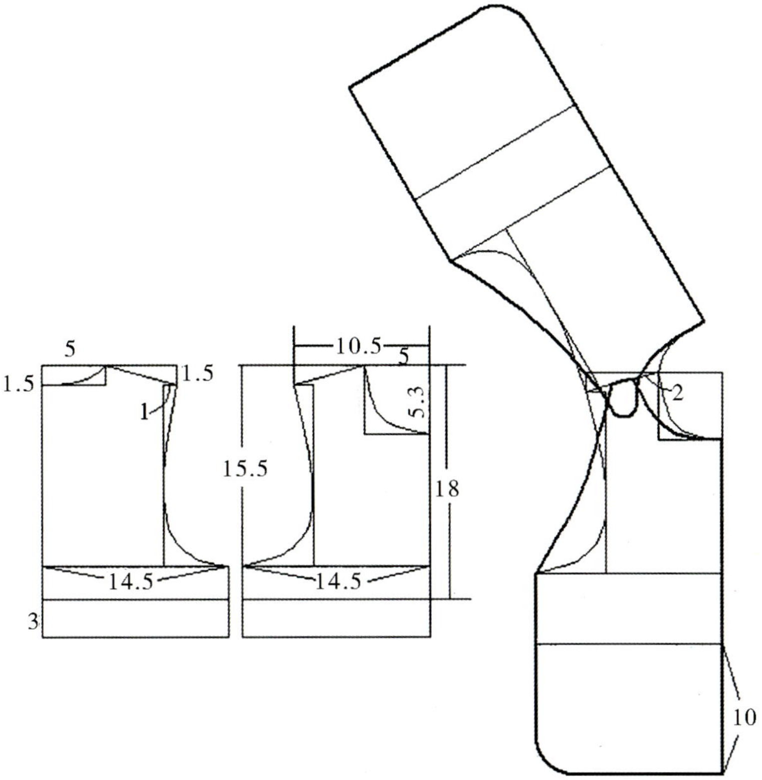

图 2－64

(三)款式三

1. 款式图(图 2－65)

2. 纸样结构图(图 2－66)

图 2－65

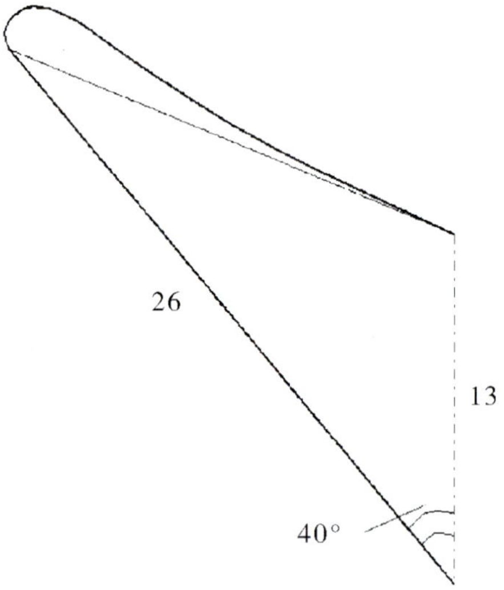

图 2－66

二、婴儿帽

婴儿25%的热量是由头部散发的，婴儿头部的血管比较丰富，而且所处的位置比较浅，没有皮下脂肪的保护，因此戴上帽子可以维持婴儿体温恒定。如果带宝宝出去散步的话，戴一顶合适的婴儿帽子非常重要。纯棉面料制成的婴儿帽可以贴心保护婴儿的头部，以免着凉，淡雅的颜色衬托宝宝娇嫩的小脸蛋，显得更加可爱(图2－67)。

图2－67

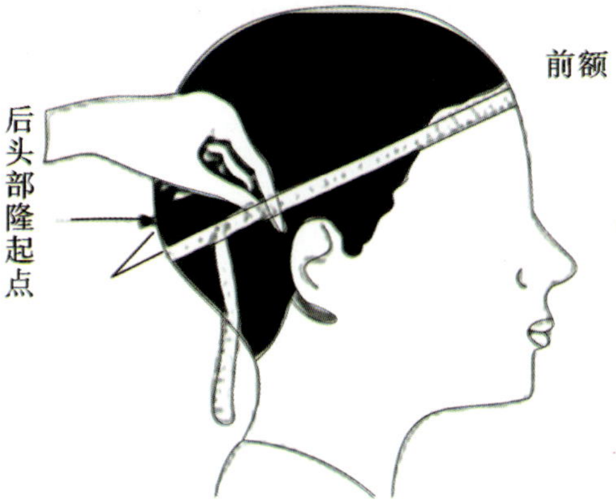

图2－68

头围的测量方法见图2－68，婴儿头围规格尺寸表见表2－2。

表2－2　婴儿头围尺寸规格表　　(单位:cm)

适合年龄	男宝宝	女宝宝
0～8个月	32～42	31～41
6～12个月	42～48	41～47
1～2岁	46～49	45～48
2～5岁	49～51	48～50
5～8岁	51～54	50～53

1. 款式名称

六片式帽子。

2. 面料选用

外面是伸缩性好的针织毛巾布，里面是纯棉布(图2－69)。

3. 适合年龄

0～12 个月的婴儿。

4. 规格设计

以 12 个月婴儿为例：

头围 =46 cm；

帽高 =10 cm。

5. 纸样结构图(图 2－70)

图 2－69

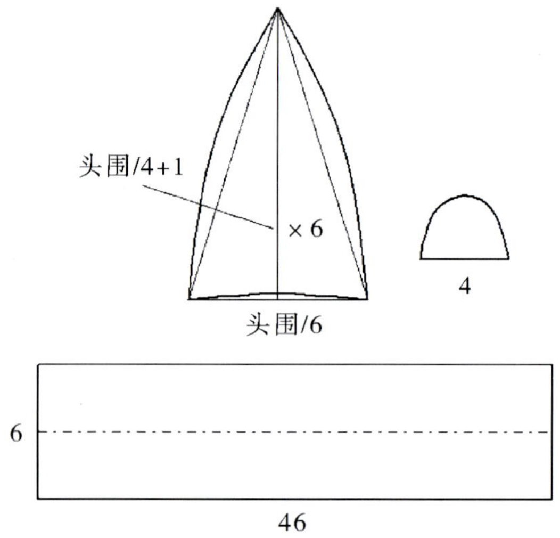

图 2－70

第三章 小童装的纸样设计

小童是指1~5周岁的小童，身高90~110 cm。此阶段是儿童身体成长与运动机能发育最显著的时期。1~2岁的幼儿脸面稍大，颈部成型，肩稍向外凸出，胸部与腹部的突出开始减少，下肢健壮，骨盆倾斜度大，从扶着东西走路到完全独立走路，能跑，能跨越东西，也会投掷东西。身高在2~3周岁时生长很快，每年增长约10 cm，身高为头长的4~4.5倍，体型特征是头部大，脖子短而粗，四肢短胖，肚子圆滚，身体前挺。此时男、女小童基本没有大的体型差别。从4周岁开始，小童身高每年增加约6 cm，体重增加约2 kg，体型特征是挺腰、凸肚、窄肩、四肢短，三围尺寸相差不大。身高为头长的5~6倍。这个时期的孩子智力、体力发展都很快，能自如的跑跳、玩耍，有一定的语言表达能力，意志力加强（图3-1）。

图3-1

第一节　小童装的款式设计

小童时期的幼儿对任何事物都充满了好奇心，而且有了一定的分辨能力，活泼好动是他们的特点。小童装款式的基本要求是美观大方，使他们便于活动，不影响小童的正常生长发育。服装造型上总的要求是：轮廓呈方形、A 字形为宜。小童女装多用 A 形，如连衣裙、小外套、小罩衫等，在前胸或肩部设计育克、细褶、分割等，使衣服从胸部向下展开，自然地覆盖在突出的腹部；同时裙子设计不要太长，短至大腿，利用视错觉可造成下肢增长的感觉。小童男装外轮廓多用 H 形或 O 形，如 T 恤衫、灯笼裤等。小童服装的另一种常用造型是连衣裙、裤，吊带裙、裤或背心裙、裤，这种造型结构形式有利于小童的活动，他们在玩耍时做任何动作，裤、裙也不会滑落下来。此外，小童们对口袋有特别的喜爱，把一切宝贝东西都藏在口袋里，因此，口袋的设计以贴袋为主，口袋应较牢固，不易撕裂。口袋的形状可以设计为花、叶、动物，也可以装饰文字、字母、花篮、杯子等，这样既实用又富有趣味性。由于小童身高增长迅速，裤口、袖口常用翻贴边的形式，以延长穿用时间（图 3－2、图 3－3）。

图 3－2

图 3－3

小童装的色彩通常比较亮丽，以表现小童的天真活泼特性。例如，经常使用活泼而鲜亮的对比色、纯净的三原色，或者在服装上加上各种彩色图案。此外，拼色、间隔或使用碎花、条格面料都能产生很好的色彩效果(图 3 –4)。

婴儿服装主要的污染是奶渍、尿渍，小童服装的主要污染是灰土，所以小童服装要勤洗勤换，面料要耐水洗、耐磨且色牢度好。夏季使用面料为透气性强、柔软易洗的棉麻纱布，尤其是各类高支纱针织面料，更柔软、吸湿，如全棉织品中的细布、涤棉巴厘纱等。冬季可使用保暖性较好的绒布和灯芯绒布，也可以使用柔软易洗的棉与化纤混纺的面料，如女绒呢、平绒、什色卡、中长花呢等。小童的行走、跑跳、滚爬、嬉戏等肢体行为使他们的活动加大，服装在膝盖、肘部等关键部位容易弄脏、划破，这些部位经常选用涤卡、斜纹布等面料进行拼接，以增强其耐穿性。表 3 –1 为小童人体各部位的测量尺寸。

图 3 –4

表 3 –1　小童人体各部位的测量尺寸　　　　(单位:cm)

身高	80	86	92	98	104	110
大致年龄	1 周岁	1.5 周岁	2 周岁	3 周岁	4 周岁	5 周岁
胸围	49	51	53	55	57	59
腰围	47	49	51	53	54	56
臀围	50	52	54	56	59	62
背宽	20.4	21.2	22	22.8	23.6	24.4
颈根围	25.5	26	26.5	27	27.5	28
肩宽	6.2	6.6	7	7.4	7.8	8.2
上臂围	17.2	17.6	18	18.4	18.8	19.2

续表

身高	80	86	92	98	104	110
大致年龄	1周岁	1.5周岁	2周岁	3周岁	4周岁	5周岁
手腕围	12	12.3	12.6	12.9	13.2	13.5
袖窿深	11.4	12	12.6	13.2	13.8	14.4
背长	20.6	21.8	23	24.2	25.4	26.6
臀高			11.4	12	12.6	13.2
颈椎高			75.5	80.8	86.1	91.4
腰至膝长			32	34	36	38
上裆长	14.4	15.4	16.4	17.4	18.4	19.2
下裆长	31	34.5	38	41.5	45	48.5
袖长	27	29.5	32	34.5	37	39.5
头围	48.5	49.5	50.5	51.5	52.5	52.9

第二节　小童衬衫的纸样设计

衬衫是儿童时期最主要的服装之一。衬衫可以作为正式的服装外穿，也可以内穿，在其外面配以背心、毛衣、夹克、大衣等；可以做成无袖或短袖在夏季穿着，也可以做成棉衬衫在冬季穿着。因此，衬衫适合于各个年龄段的儿童在各个季节穿着。

根据穿着目的或穿着状态的不同，衬衫所选择的面料也不同。夏季穿着时，应选用吸湿、透气性好的棉、麻、丝等天然纤维面料或人造棉、天丝、莫代尔等再生纤维素纤维面料，但这类面料耐水洗和耐磨性较差，而且易出皱褶，因此较大儿童外穿或校服类衬衫，可以选择以上纤维和化学纤维的混纺织物，使其既具有天然纤维材料的优点，又具有化纤材料易洗、快干、耐磨和保形性好的优点。秋、冬季穿着时，应选用具有一定厚度的单面绒、双面绒、灯芯绒、薄毛制品等抗静电性较好的织物。带领座的衬衫应选用具有一定挺度的面料，而礼服类衬衫应选择垂性较好的面料。总之，面料的选择影响到上衣的款式、穿着的季节和缝制的工艺，从而关系到穿着的舒适性和加工质量的好坏，应特别注意面料的选择。

衬衫的设计根据穿着目的的不同而不同。日常穿着的衬衫设计要简单，穿脱要方便，可加花边、波形褶等装饰，也可采用多种装饰技法，如刺绣、印花等，色彩要和外衣相匹配。但衬衫的装饰不宜太多，否则就会失去儿童活泼的感觉（图 3－5、图 3－6）。

图 3－5

图 3－6

一、小童男衬衫

图 3－7

图 3－8

1. 款式风格

宽松 H 形设计，衣长适中，带领座的衬衣领型，传统男式衬衫袖，绱袖头，肩部育克设计，左前片有胸袋，门襟明贴边（图 3－7、图 3－8）。

2. 面料选用

纯棉布。

3. 适合年龄

3～5周岁。

4. 规格设计

衣长＝背长＋1/2背长左右（约至臀围线的位置）；

胸围＝净胸围＋放松量（18 cm）；

袖长＝原型袖长。

以3周岁男童为例：

衣长＝24 cm＋15 cm＝39 cm；

胸围＝55 cm＋18 cm＝73 cm；

袖长＝35 cm；

领围＝30 cm；

肩宽＝31 cm；

袖口＝18 cm。

5. 纸样结构图（图3－9、图3－10）

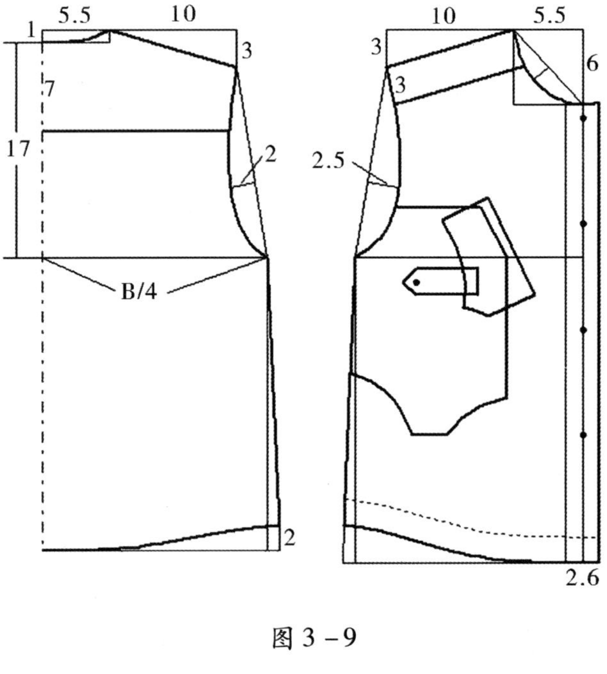

图3－9

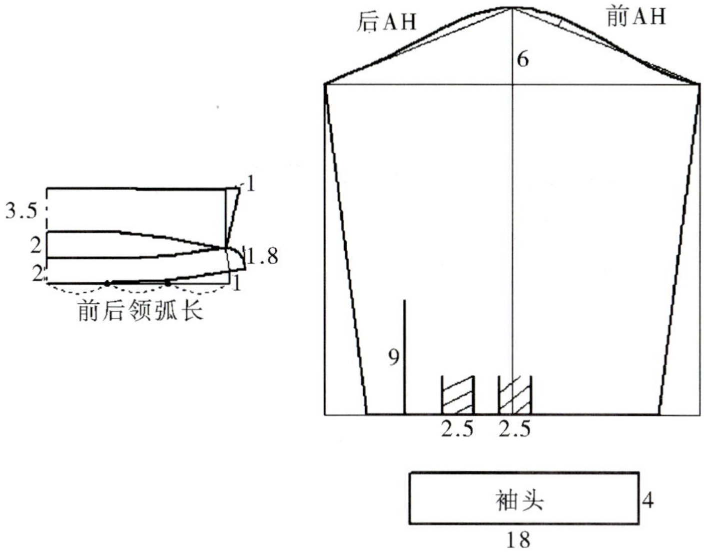

图 3－10

二、女幼童针织衫

1. 款式风格

短泡泡袖，无领设计，前后身育克设计，A 字造型。

2. 面料选用

精梳棉、100% 棉（图 3－11）。

图 3－11

3. 适合年龄

1～3 周岁。

4. 规格设计

衣长＝背长＋所需长度；

胸围＝净胸围＋放松量（8～10 cm）；

袖长按款式所需定袖长；

裤长根据款式定裤长。

以 1.5 周岁儿童为例：

衣长＝22 cm＋14 cm＝36 cm；

胸围＝52 cm＋（8～10）cm＝60～62 cm；

袖长 =13.5 cm；

裤长 =25 cm。

5. 纸样结构图(图 3 - 12)

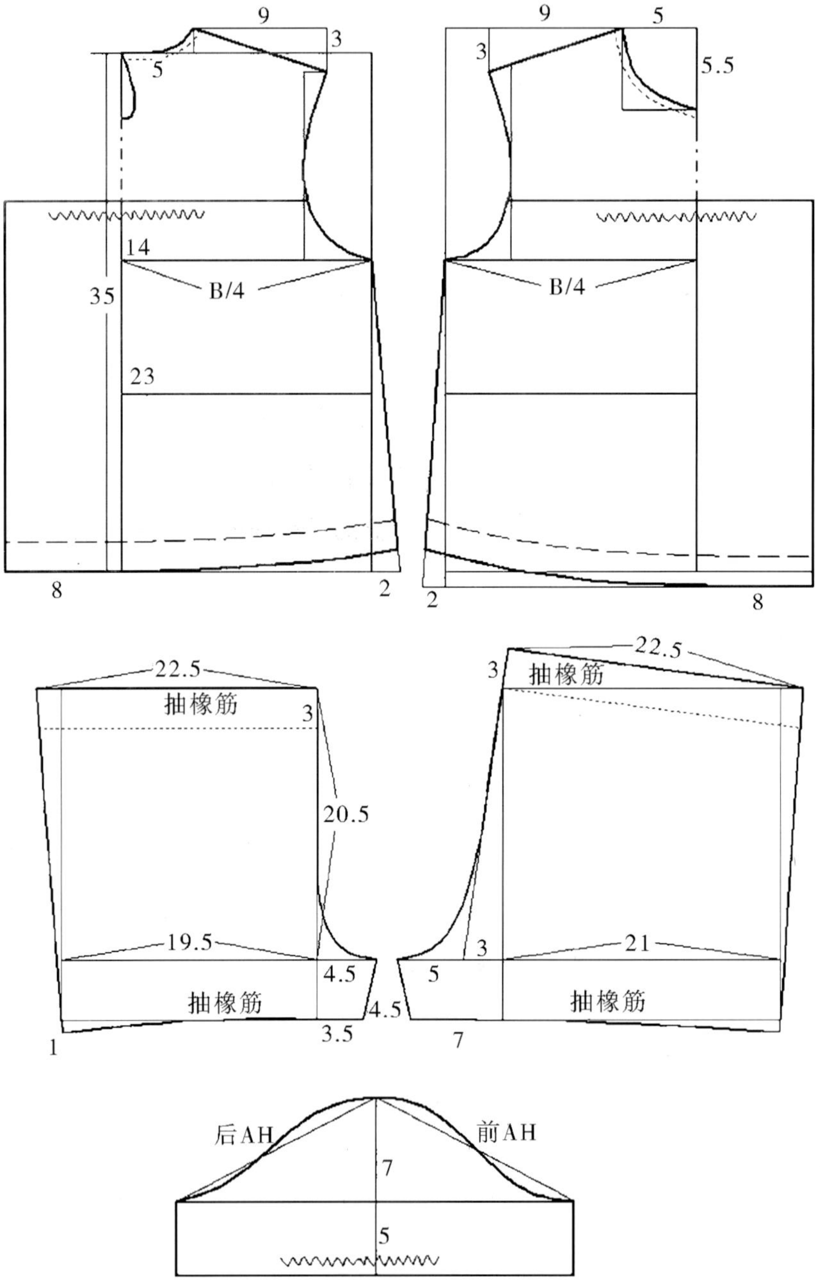

图 3 - 12

第三节 小童罩衣的纸样设计

罩衣是一种常见的儿童服装款式，常用于较大的婴儿至整个小童阶段。罩衣属于外衣的范畴，目的是为了保护里面衣服的清洁。罩衣具有广泛的适用性，其特点是易于穿脱、便于洗涤、穿着舒适。其结构上一般采用插肩袖，后开口系带，可以在底摆、袖口等处使用花边做装饰，袖口常使用松紧带收拢，前片通常有一个或两个贴袋设计。

根据穿着目的不同，罩衣所选用的面料也不同。因为罩衣要体现便于洗涤的特点，所以采用的面料一般为薄型面料，比较常见的是纯棉织物、涤棉混纺织物和防水面料（图 3－13、图 3－14）。

图 3－13

图 3－14

一、反身罩衣

1. 款式风格

宽松型设计，衣长适中，无领，插肩袖，胸前有防水层及贴布的口袋，后系带设计。

2. 面料选用

全棉精梳织造的针织布、提花布、防水布等(图 3－15)。

图 3－15

3. 适合年龄

1～4 周岁。

4. 规格设计

衣长＝背长＋固定数值；

胸围＝净胸围＋放松量(12～16 cm)＋褶量；

袖长＝原型袖长。

以 3 周岁儿童为例：

衣长＝24 cm＋16 cm＝40 cm；

胸围 = 54 cm + 15 cm = 69 cm；

袖长 = 35 cm。

5. 纸样结构图（图 3－16）

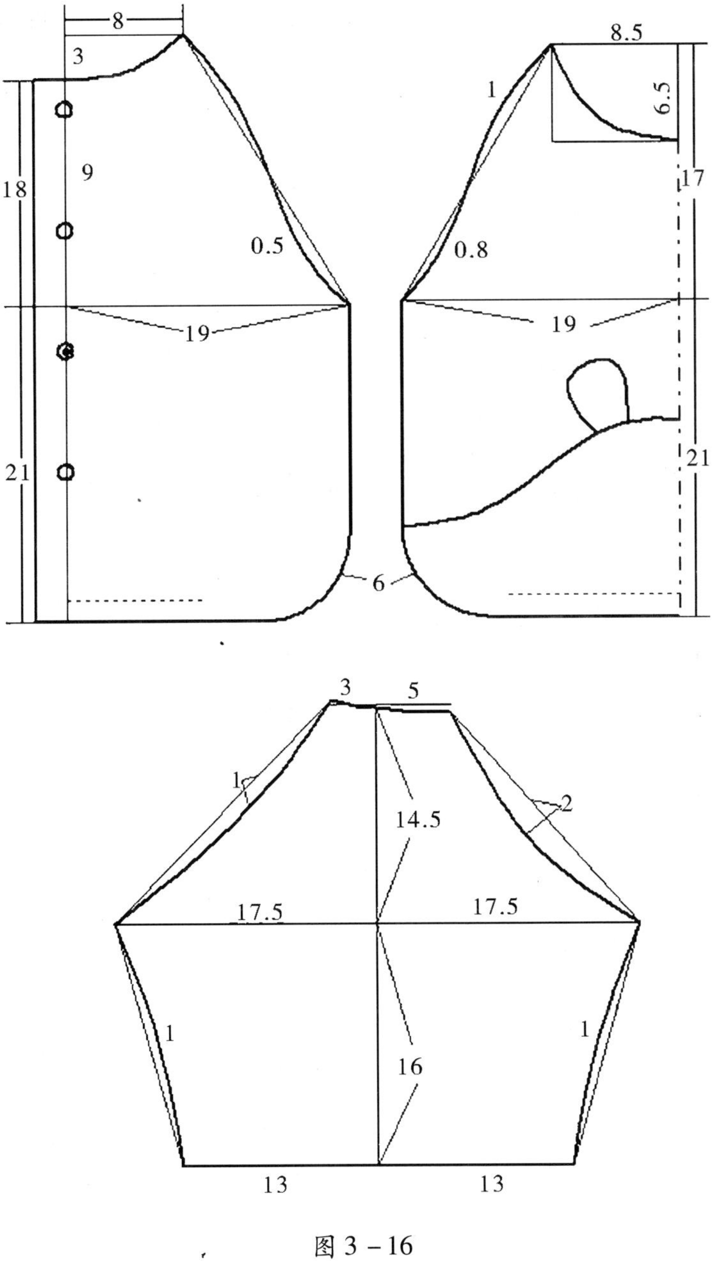

图 3－16

二、女童罩衣

1. 款式风格

宽松型设计，衣长适中，轮廓为 A 形。普通宽度的平领设计，插肩袖（图 3－16、图 3－17）。

图 3－17

图 3－18

2. 面料选用

灯芯绒面料、摇粒绒、100% 棉。

3. 适合年龄

2～5 周岁。

4. 规格设计

衣长＝背长＋固定数值；

胸围＝净胸围＋放松量（12～16 cm）；

袖长＝原型袖长。

以 3 周岁儿童为例：

衣长＝24 cm＋16 cm＝40 cm；

胸围＝54 cm＋15 cm＋褶量；

袖长＝35 cm。

5. 纸样结构图(图 3－19)

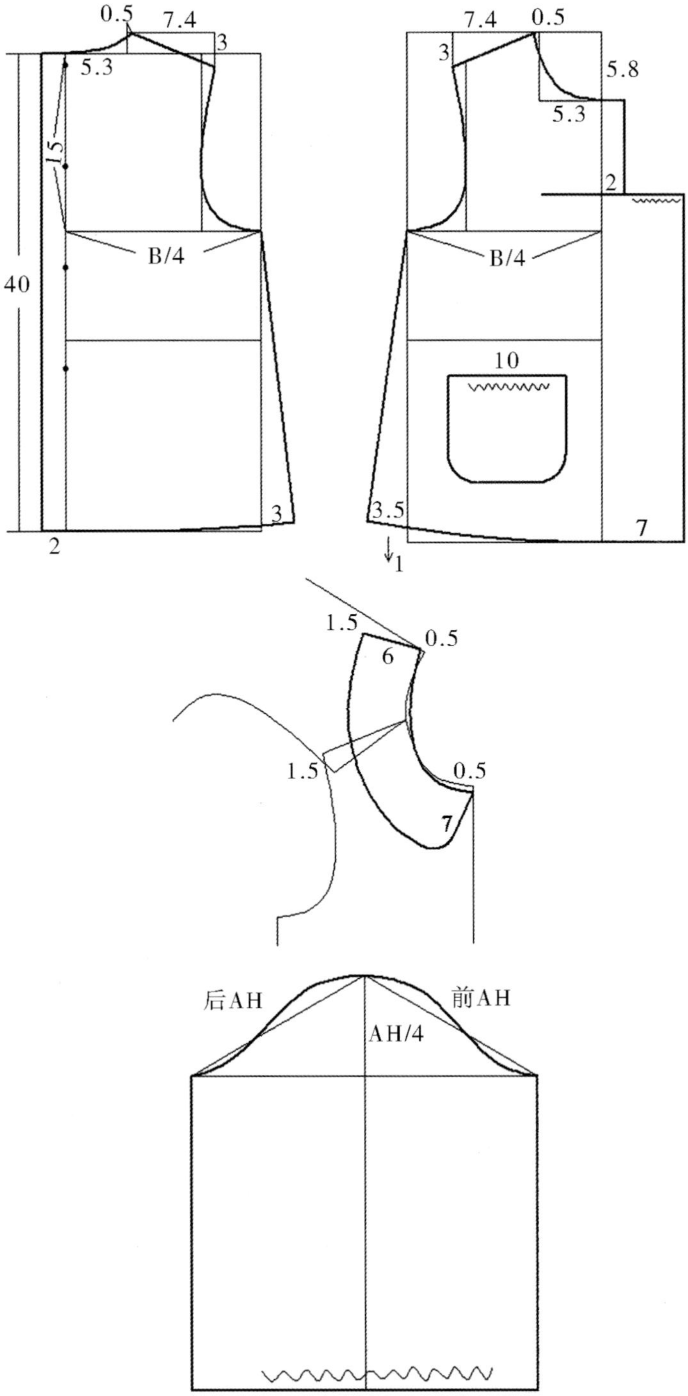

图 3－19

第四节　小童半身裙的纸样设计

半身裙是女童春、夏季穿用较多的服装品种之一，在设计上可以进行许多的变化，例如采用异料镶拼、蕾丝花边等，与上衣、衬衫、薄外套配穿会产生不同的效果。裙装面料一般选用棉织物、棉混纺织物、毛混纺织物以及针织织物等。春、夏季裙装采用上述面料中的薄型面料；裙装也可以在秋、冬季穿着，采用厚型面料，一般搭配毛衫、外套穿着（图3－20至图3－22）。

褶裥裙是半身裙的一种，一般指有规律褶裙，包括箱式褶裥裙和单向褶裥裙，两种褶裙在童装上，尤其是在校园服装上均有广泛的应用（图3－23）。

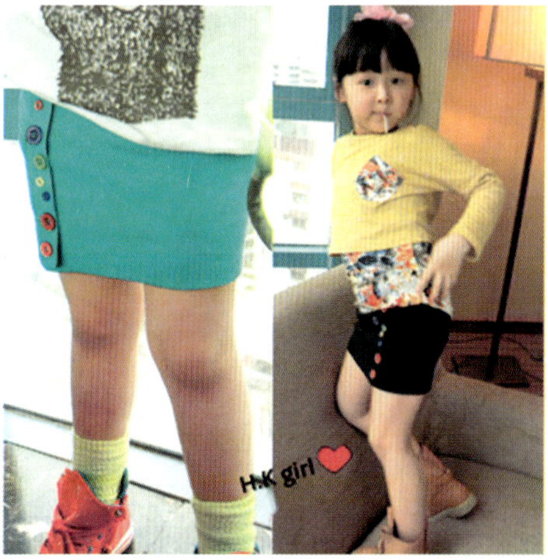

图3－20

图3－21

图 3－22

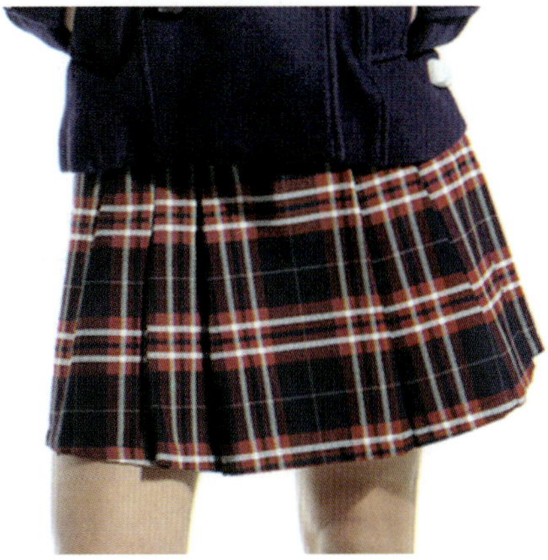

图 3－23

A 型褶裥裙

1. 款式风格

A 型褶裥裙长至膝盖以上，在小 A 字裙的基础上加入箱式褶裥、绱腰头、侧缝绱拉链，在分割线的位置固定一定长度，并缉明线，款式轻便（图 3－24）。

图 3－24

2. 面料选用

纯棉布料、泡泡纱等。

3. 适合年龄

3～5 周岁。

4. 规格设计

裙长 = 腰至膝盖上 4 cm;

腰围 = 净腰围 + 放松量(2 cm);

臀围 = 净臀围 + 放松量(6 cm)。

以 5 周岁女童为例:

裙长 = 38 cm − (3 ~ 4) cm = 34 ~ 35 cm;

腰围 = 56 cm + 2 cm = 58 cm;

臀围 = 62 cm + 6 cm = 68 cm;

臀高 = 13 cm。

5. 纸样结构图(图 3 − 25)

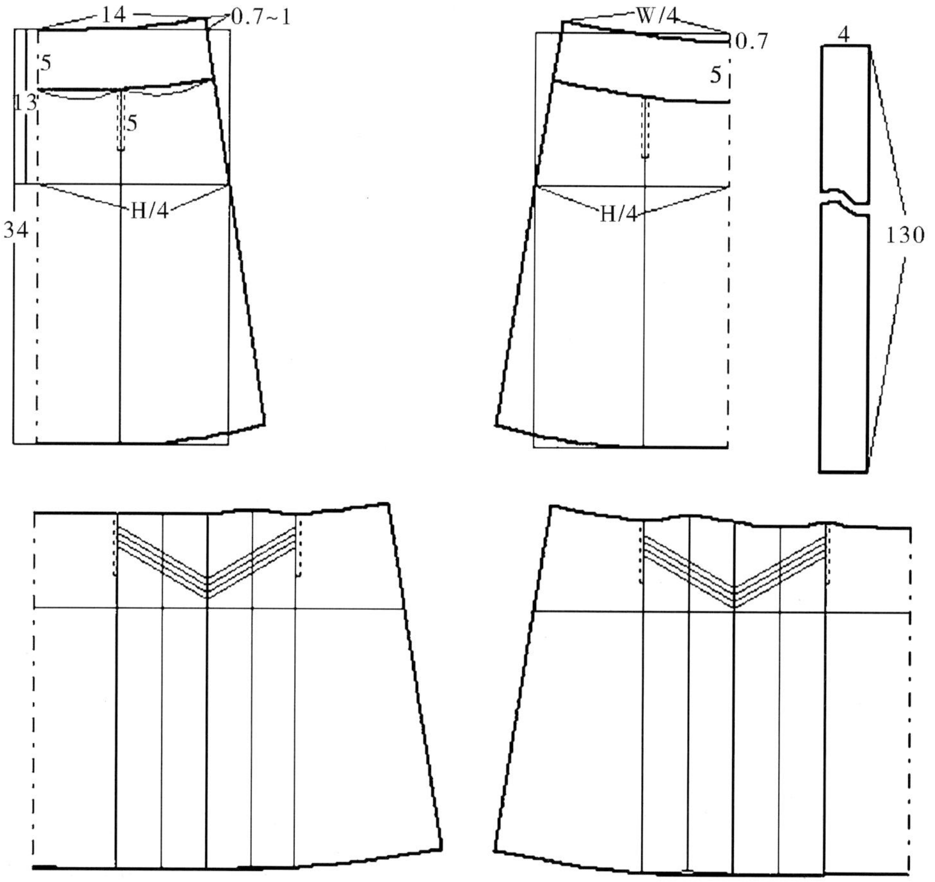

图 3 − 25

第五节　小童连衣裙的纸样设计

连衣裙是将上衣和裙子连成一体的服装。连衣裙的穿着无年龄和场合的限制，从婴儿装到老年装、从家居服到礼服中常被广泛使用。适应于儿童的特点，连衣裙有较好的运动机能性。不同年龄的女童，可以选择不同款式的连衣裙。小童的胸围、腰围和臀围差别很小，且挺身呈S形，腹部向前凸出。因此A形轮廓最为适合，它既能很好地掩盖小童的腹凸，也能体现小童活泼可爱的特点（图3－26、图3－27）。高腰分割线在幼童中最常见的位置是在腰围线上胸围至腰围约1/3的位置。连衣裙应避开过分华丽的面料和装饰。

图3－26

图3－27

一、春秋牛仔连衣裙

图 3－28

图 3－29

1. 款式风格

长至膝盖左右的背心短裙，宽松度适中，无领、无袖、高腰分割，后中心破缝、绱拉链，下摆碎褶展开，呈 A 形结构(图 3－28、图 3－29)。

2. 面料选用

牛仔纯棉面料(100% 棉)。

3. 适合年龄

1～5 周岁。

4. 规格设计

衣长＝背长＋固定数值(根据款式进行设计)；

胸围＝净胸围＋放松量(14 cm)。

以 1.5 周岁儿童为例：

衣长＝22 cm＋25 cm＝47 cm；

胸围＝51 cm＋14 cm＝65 cm。

5. 纸样结构图(图 3－30)

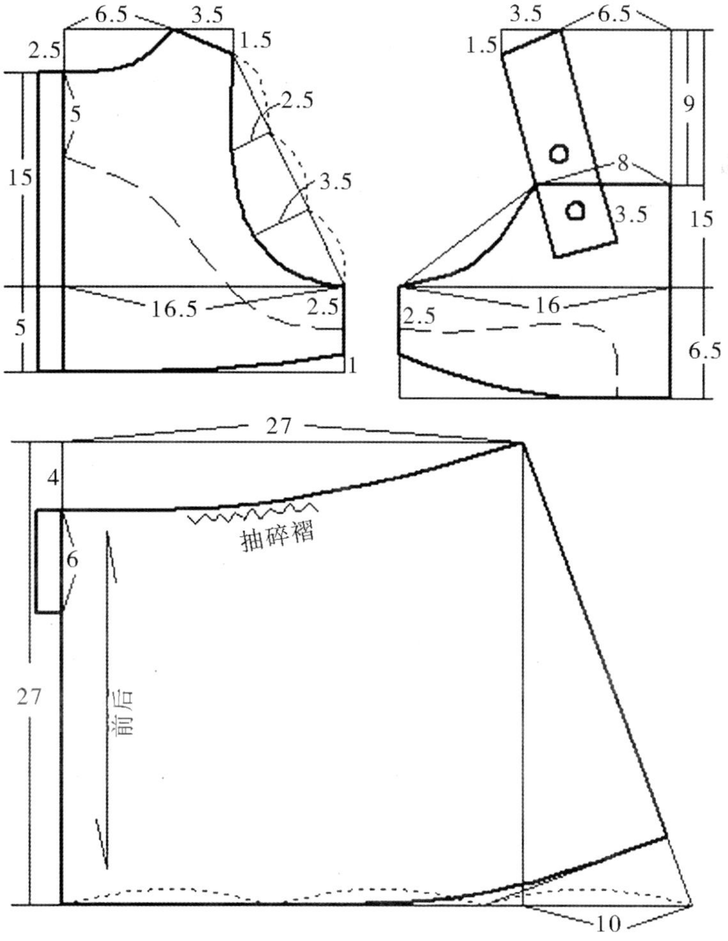

图 3 －30

二、夏季分割连衣裙

1. 款式风格

裙长穿着在膝盖略上，无领、无袖，肩带设计，高腰分割，上身细褶设计，上衣腰部合体，下摆展开，裙子宽松，分割线处荷叶边装饰，后中绱拉链（图 3 －31、图 3 －32）。

2. 适合年龄

1 ~3 周岁。

3. 面料选用

纯棉布。

图 3－31

图 3－32

4. 规格设计

衣长 = 背长 + 所需长度；

胸围 = 净胸围 + 放松量(10 ~ 14 cm)(年龄越大，放松量越小)；

腰围 = 胸围。

以 2 周岁儿童为例：

衣长 = 23 cm ＋27 cm = 50 cm；

胸围 = 53 cm + (10 ~ 14) cm = 63 ~ 67 cm。

5. 纸样结构图(图 3－33、图 3－34)

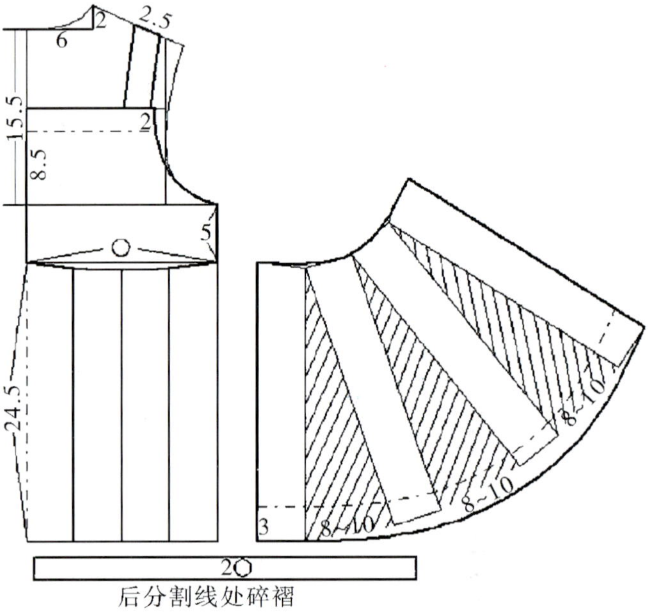

图 3－33

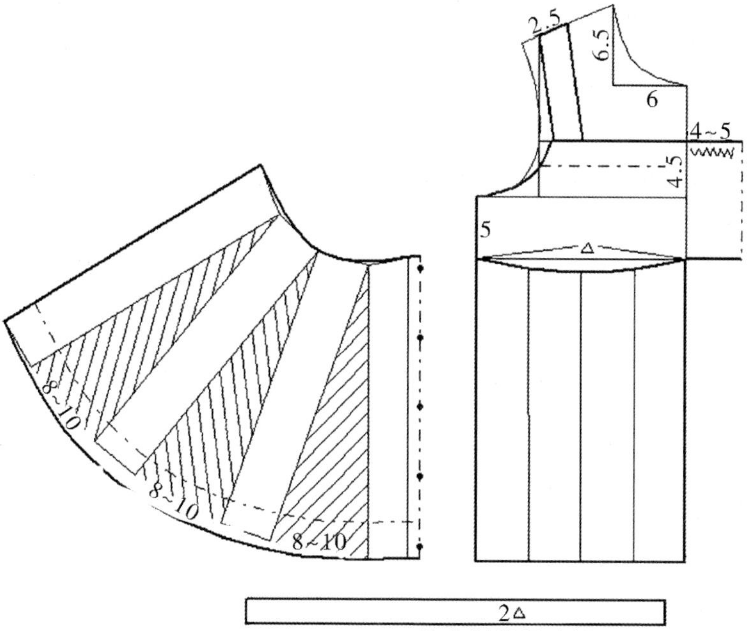

图 3 - 34

第六节　小童外套的纸样设计

小童外套采用不同面料来制作，具有较强的实用性、舒适性、运动性和安全性。结构上以宽松和运动为主要设计依据，造型设计上自然随意、无拘无束，多采用 H 形设计。其造型特征是袖口与下摆为收缩式，长度可根据款式自由设计（图 3 - 35、图 3 - 36）。

根据季节不同，外套有单外套和棉外套；根据穿着目的不同，所用的面料也有所不同，可采用斜纹布、帆布、牛仔布、经过水洗磨毛整理的织物及皮革面料（图 3 - 37、图 3 - 38）。

图 3－35

图 3－36

图 3－37

图 3－38

一、休闲连帽套装

图 3－39

图 3－40

1. 款式风格

休闲连帽套装利用贴袋和扣子作装饰，并配以电脑绣花的卡通图案，色彩明亮，比较适合男、女儿童穿着（图 3－39、图 3－40）。

2. 适合年龄

1～3 周岁。

3. 面料选用

100% 棉质平绒面料，摇粒绒。

4. 规格设计

以 2 周岁儿童为例：

上衣：　衣长＝30.5 cm；　胸围＝62 cm；

　　　　肩宽＝26 cm；　袖长＝25 cm；

　　　　袖口＝18 cm；　领围＝30 cm。

裤子：　裤长＝62 cm；　腰围＝64 cm；

　　　　臀围＝68 cm；　脚口＝16.5 cm。

5. 纸样结构图（图 3－41，图 3－42）

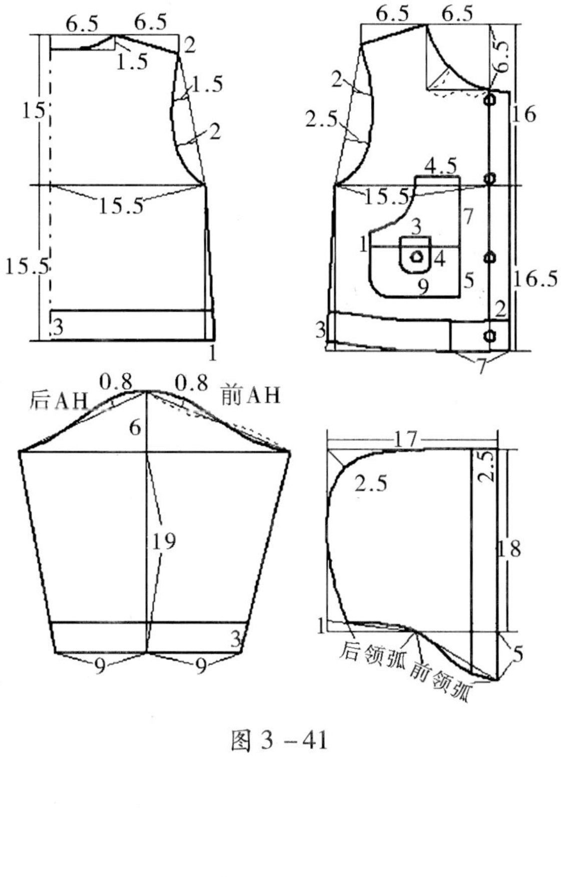

图 3－41

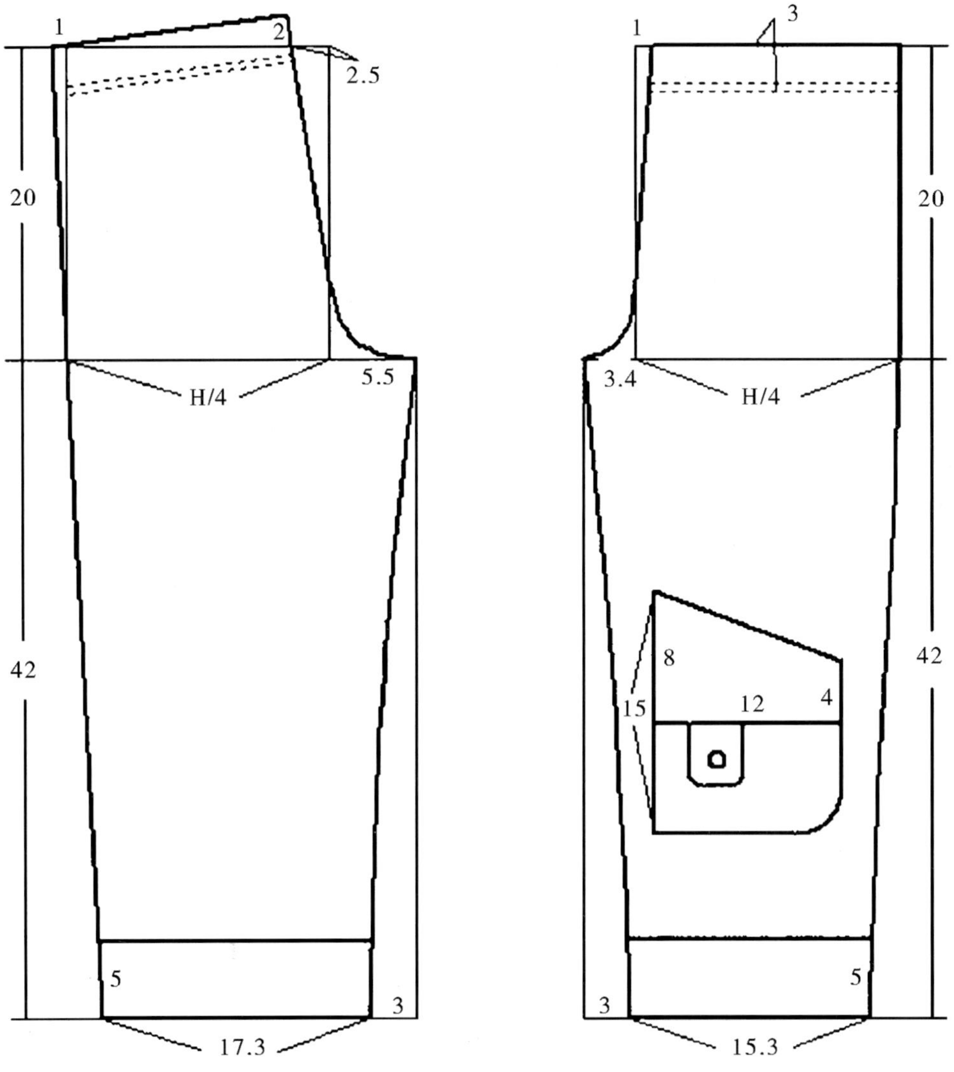

图 3－42

二、女小童外套

图 3－43

图 3－44

1. 款式风格

A 字造型，圆翻领，单排扣，高腰分割，碎褶裙摆，覆肩设计，泡泡袖，后中腰蝴蝶结设计（图 3－43、图 3－44）。

2. 面料选用

100% 棉。

3. 适合年龄

1～3 周岁。

4. 规格设计

衣长＝背长＋所需长度；

胸围＝净胸围＋放松量（15～18 cm）；

袖长＝基础袖长＋放松量（8～10 cm）；

领围＝颈根围＋放松量（1～2 cm）。

以 3 周岁女童为例：

衣长＝24.5 cm＋21 cm＝45.5 cm；

胸围＝55 cm＋（15～18）cm＝70～73 cm；

袖长＝34.5 cm＋（8～10）cm＝42.5～44.5 cm；

领围 =27 cm + (1 ~ 2) cm = 28 ~ 29 cm；

领宽 =7 cm。

5. 纸样结构图(图 3 - 45)

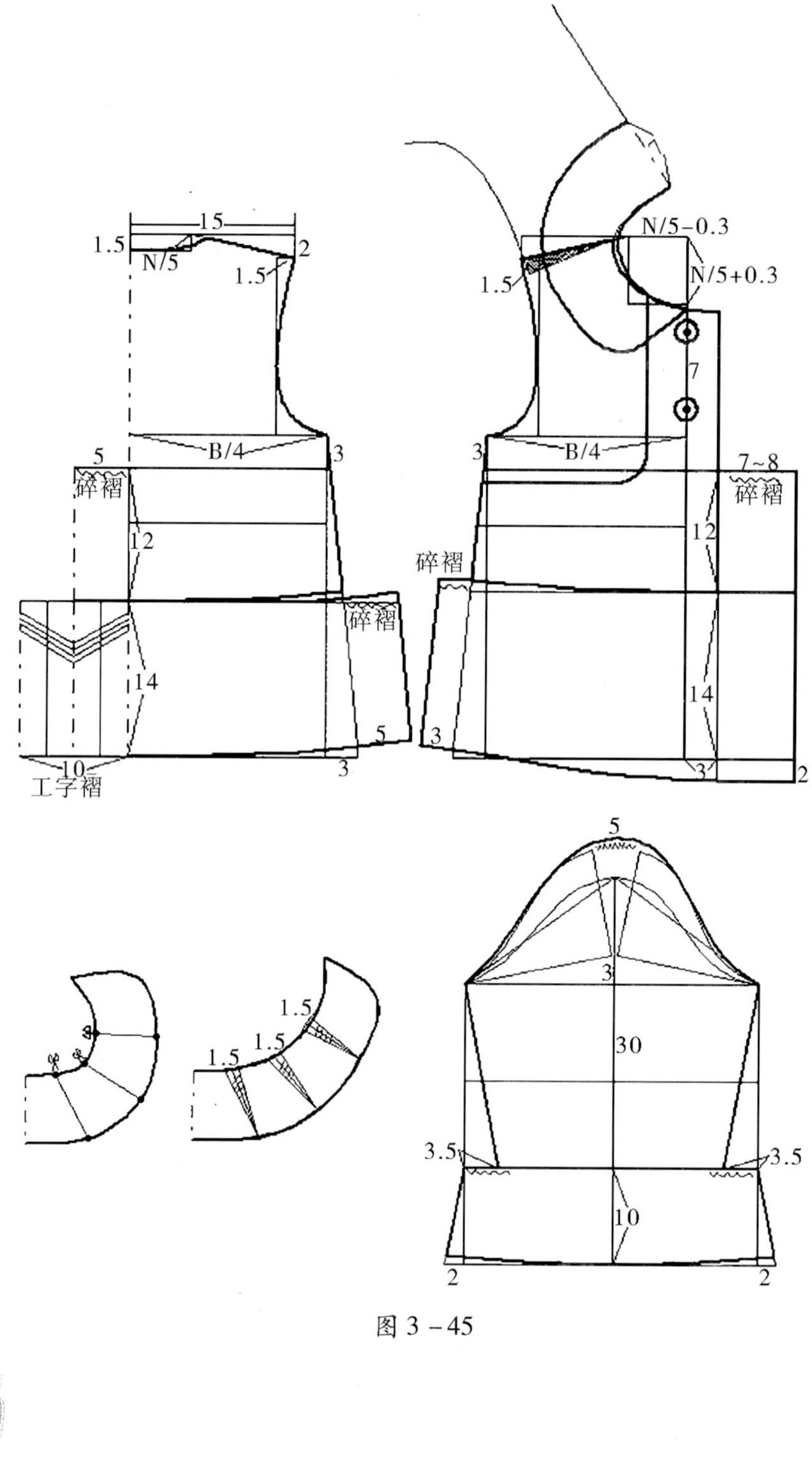

图 3 - 45

第七节　小童背带裤的纸样设计

背带裤是对前面有挡胸布的裤装的总称。对于还没有取掉尿布的婴儿，前、后下裆用按扣开闭，以方便换尿布。背带裤裤长可根据季节和成长阶段来选择，小童学走路容易摔倒，裤子长度不宜太长。设计背带裤时，若非常宽松，在袖窿处应加松紧带；若较合体，为方便穿着，可加按扣。背带裤吊带的长度可以调节，以适应儿童生长的需要，同时吊带也可具有一定的装饰性（图 3 - 46 至图 3 - 49）。

图 3 - 46

图 3 - 47

图 3 - 48

图 3 - 49

1. 款式风格

衣身前胸部与裤装相连，裆部用按扣开合，腰部抽橡筋（图 3－50）。

图 3－50

2. 面料选用

灯芯绒、100% 棉。

3. 适合年龄

1～3 周岁。

4. 规格设计

裤长＝所需长度；

胸围＝净胸围＋放松量（15～20 cm）；

臀围＝胸围；

脚口＝所需宽度。

以 2 周岁儿童为例：

裤长＝73.5 cm；

胸围＝53 cm＋（15～20）cm＝68～73 cm；

臀围＝胸围；

脚口＝15 cm。

5. 纸样结构图（图3－51）

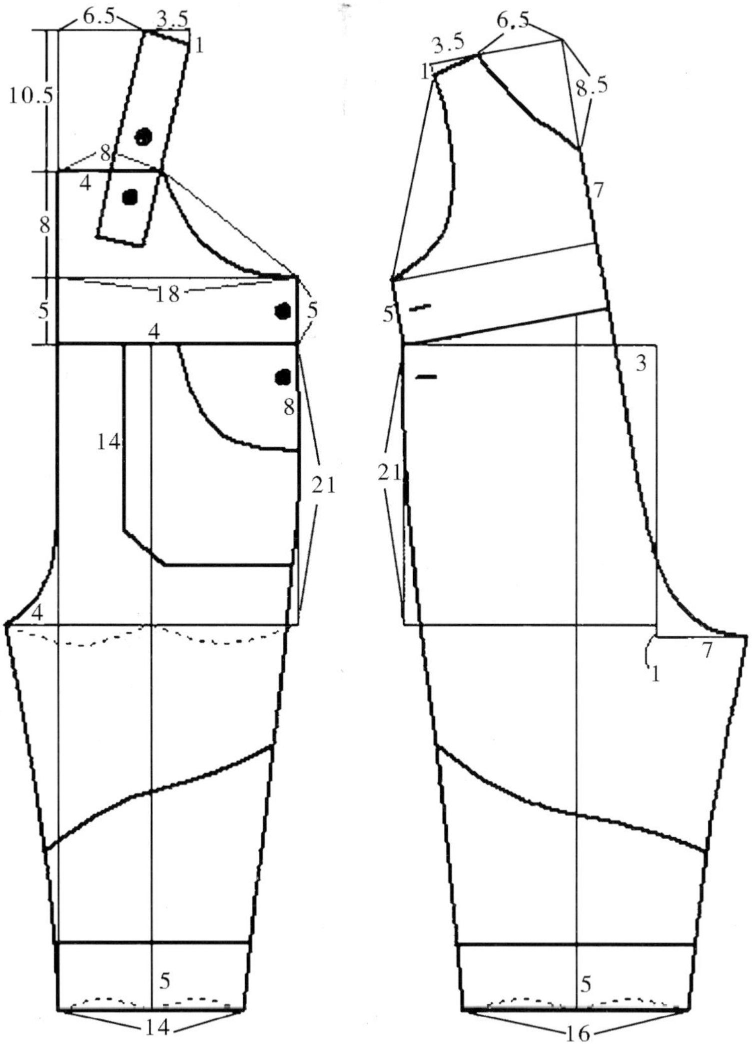

图3－51

第八节　小童马甲的纸样设计

马甲是一种没有袖子的上装，其造型可以参照T恤衫、夹克、棉夹克，由此可以变化出各种不同造型的马甲款式。大多数马甲是休闲装，设计比较随意（图3－53、图3－55、图3－56）。马甲也可以有单马甲和棉马甲之分，棉马甲是在里面添加腈纶棉或者羽绒等填充物（图3－52、图3－54）。

图3－52

图3－53

图3－54

图3－55

图3－56

1. 款式风格

无袖棉背心，前中装拉链，左右各一插袋。以帽代领，可拆卸(图 3－57)。

2. 面料选用

防水、防风、保温性好的锦纶织物。

图 3－57

3. 适合年龄

1～3 周岁。

4. 规格设计

衣长＝背长＋所需长度；

胸围＝净胸围＋放松量(20～25 cm)。

以 2 周岁儿童为例：

衣长＝23 cm＋12 cm＝35 cm；

胸围＝53 cm＋(20～25)cm＝73～78 cm。

5. 纸样结构图(图 3－58)

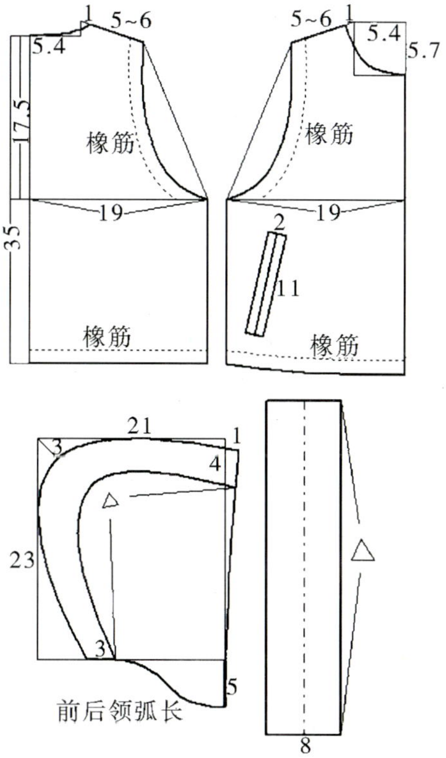

图 3－58

第九节　小童女披肩的纸样设计

披肩即披用的外衣，是儿童秋、冬季使用的一种服装。除了部分短披肩有袖子设计外，传统的披肩款式是无袖的，颈部系带，披在肩上用于防风御寒。儿童披肩常有连帽设计。使用披肩时，手可直接从底摆或前门襟处伸出。披肩的面料通常采用各种柔软的绒类面料、绸缎面料或者皮毛。冬季使用的披肩还经常使用填充物以达到保暖效果（图 3－59 至图 3－62）。

图 3－59

图 3－60

图 3－61

图 3－62

1. 款式风格

宽松筒状外形背心，平翻领，双排扣，肩部配有宽松的披风。该款式可以分开穿着，既适用又可爱。披肩的前中下部配有蝴蝶结等装饰（图3－63）。

图3－63

2. 适合年龄

3～6周岁。

3. 面料选用

羊毛绒。

4. 规格设计

衣长＝背长＋调节数；

胸围＝净胸围＋放松量（15～20 cm，随年龄与穿着状态的不同而有所调整）。

以4周岁女童为例：

衣长＝25.5 cm＋调节数；

胸围＝57 cm＋（15～20）cm＝72～77 cm。

5. 纸样结构图（图3－64、图3－65）

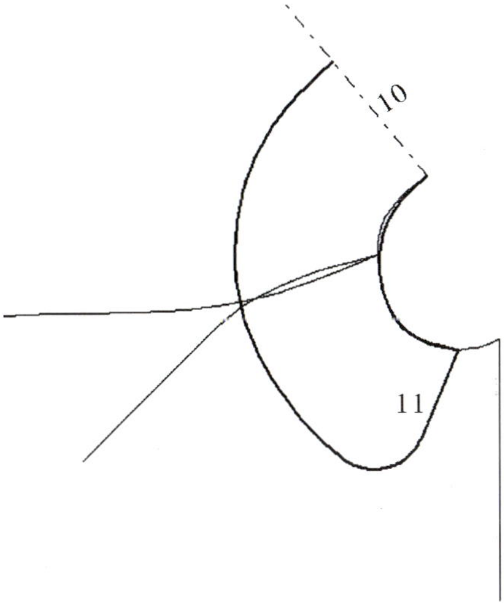

图3－64

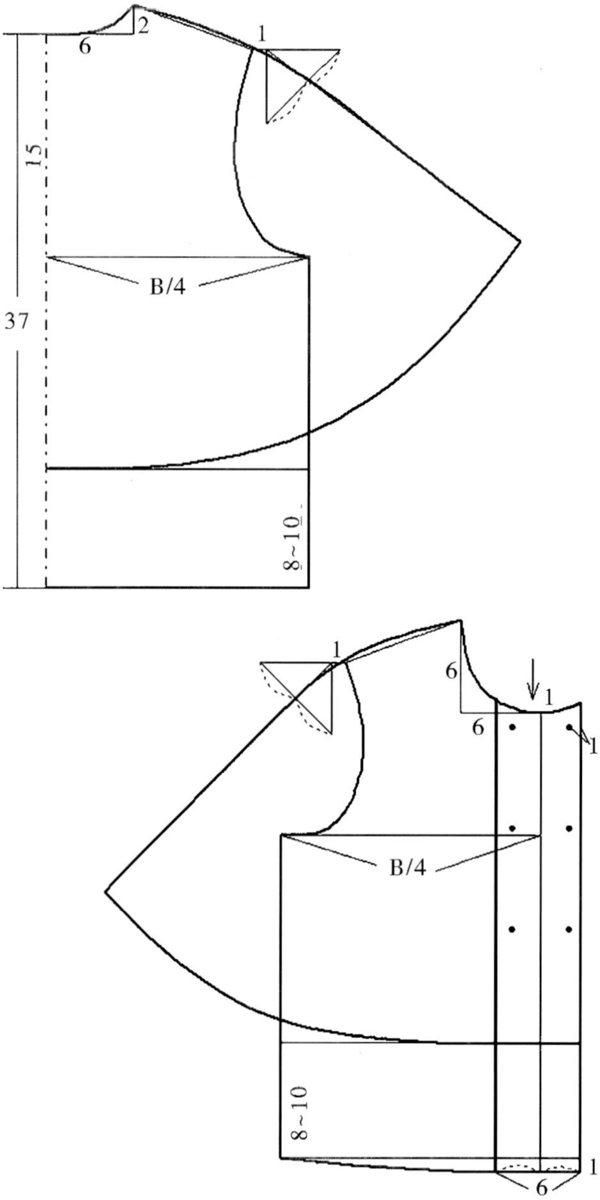

图 3 -65

第四章 中童装的纸样设计

中童期是指 7 至 12 岁，也称小学生阶段。此阶段是儿童运动机能和智力发展显著的时期，儿童的生活由幼儿园及家庭教育转到学校，学习成为生活的中心。此时儿童的身头比例已达到 6∶1 ~ 6.5∶1。男孩和女孩的性格、体型差异日益明显，女孩的发育超过了男孩，并出现了胸围与腰围差。

与小童相比，中童身材已变得更加挺直，生长速度较快，身高与围度也迅速增加，而且女童的腰部变得更加纤细。在这一时期，男、女童的共同点是四肢的增长速度快于躯干的增长速度。但女童的身高会略低于男童，体重会略高于男童（图 4－1）。

图 4－1

此年龄阶段的儿童一般采用组合形式的服装，以上衣、套衫、裙子、长裤、背心等组合搭配。女童的服装可以是高腰、中腰、低腰，造型可以是梯形、X形和长方形等。多采用装袖结构，袖子造型有泡泡袖、衬衫袖和荷叶边袖等。男童的服装通常由T恤衫、衬衣、长裤和短裤等组合而成。春、秋季有夹克衫、毛衣、外套等；冬季有棉夹克和长裤等，采用前开门开合。外套以插肩袖和装袖为主，袖窿应宽松，便于活动。

第一节　中童衬衫的纸样设计

一、女童短袖衬衫

1. 款式风格

此款式（图4－2）为短袖衬衫，泡泡袖荷叶边衬衫配背带短裤，女童穿起来显得活泼可爱。女式衬衫领，前开扣，门襟处装饰荷叶边，前胸处设计细褶。配以休闲短裤和蝴蝶结背带，更显时尚。

图4－2

2. 面料选用

100%棉。

3. 适合年龄

7～12周岁。

4. 规格设计

衣长＝背长＋调节数值；

胸围＝净胸围＋放松量（8～10 cm）；

袖长＝实际袖长。

以11周岁女童为例：

衣长＝33 cm＋（9～10）cm＝42～43 cm；

胸围＝70 cm＋(8～10)cm＝78～80 cm；

肩宽＝34 cm；

袖长＝15 cm；

裤长＝77 cm。

5. 纸样结构图(图4－3)

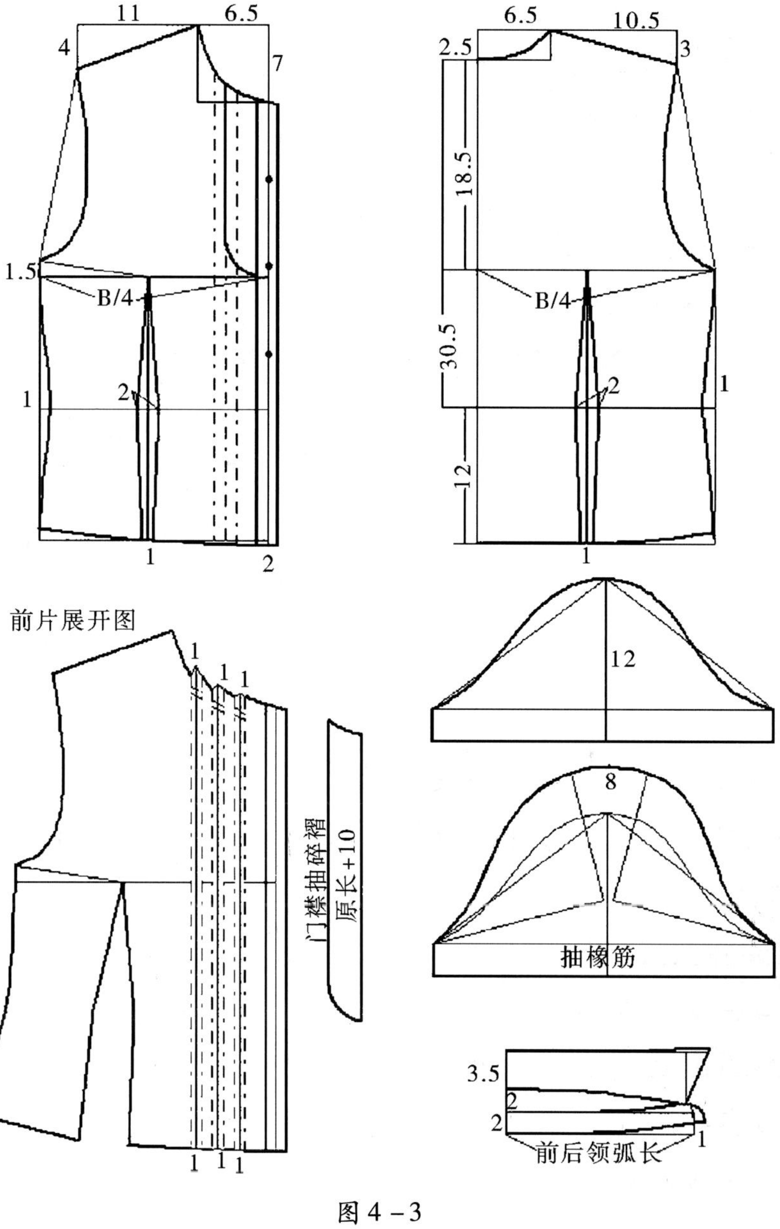

图4－3

二、男童衬衫

图 4 –4

图 4 –5

1. 款式风格

合体型衬衫，四开身结构；前衣片胸部设两个贴袋，六粒扣；后衣片设计过肩分割；男式衬衫领设计，一片式装袖（图 4 –4、图 4 –5）。

2. 面料选用

100% 棉。

3. 适合年龄

6 ~ 10 周岁。

4. 规格设计

衣长 = 背长 + 调节数值；

胸围 = 净胸围 + 放松量（10 ~ 15 cm）；

袖长 = 所需袖长；

肩宽 = 实际肩宽。

以 7 周岁男童为例：

衣长 = 29 cm + 19 cm = 48 cm；

胸围 = 62 cm + (10 ~ 15) cm = 72 ~ 77 cm;

袖长 = 16 ~ 18 cm;

肩宽 = 33 cm。

5. 纸样结构图(图 4 - 6)

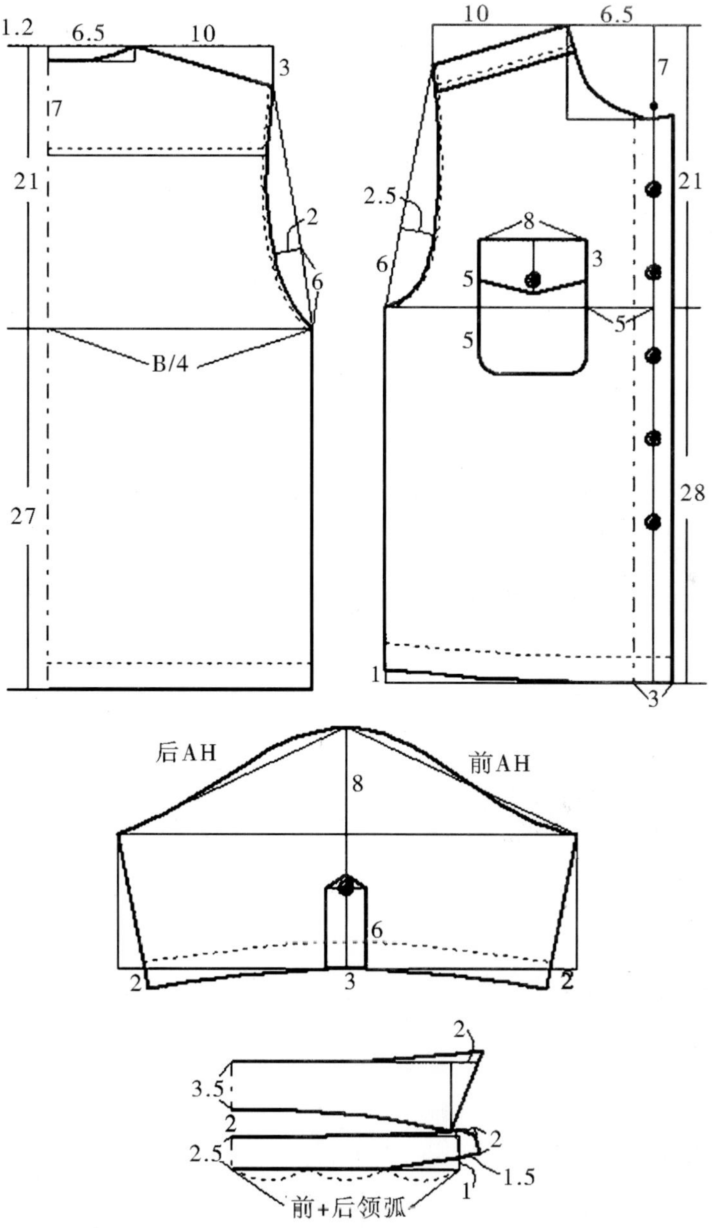

图 4 - 6

第二节　中童裤装的纸样设计

裤装是男、女儿童四季着装中最普遍穿着的服装品种之一。儿童的裤装款式设计一定要注意结构的牢固性和活动的宽松性，鉴于儿童喜欢爬坐的特点，经常会在臀部、膝盖部使用拼接设计，腰腹部有足够的余量可以使儿童自由地跳跃、翻滚，腰部多使用扁平的松紧带。儿童裤装面料多使用全棉织物、混纺织物和化纤混纺织物等，如弹力呢、莱卡棉、灯芯绒、牛仔布。春、夏季裤子选用薄型面料，秋、冬季使用厚型面料，与上衣、衬衫、T 恤衫、外套搭配(图 4 – 7 至图 4 – 11)。

图 4 – 7

图 4 – 8

图 4 – 9

图 4 – 10

图 4 – 11

一、运动休闲长裤

图 4－12

图 4－13

1. 款式风格

此款式为运动休闲长裤，全腰丈筋设计，舒适感强，适合各种体形的儿童；左侧缝贴袋处车花图案，右侧缝贴袋处重叠上拉链，膝盖处破骨，脚口处抽绳强调人性化设计（图 4－12、图 4－13）。

2. 面料选用

全棉磨毛斜纹布。

3. 适合年龄

6～10 周岁。

4. 规格设计

裤长＝直裆＋调节数值；

臀围＝净臀围＋放松量（15～20 cm）；

脚口＝所需大小。

以 9 周岁儿童为例：

裤长＝23 cm＋60 cm＝83 cm；

臀围 =71 cm +（10 ~15）cm =81 ~86 cm；

脚口 =20 cm。

5. 纸样结构图（图 4 -14）

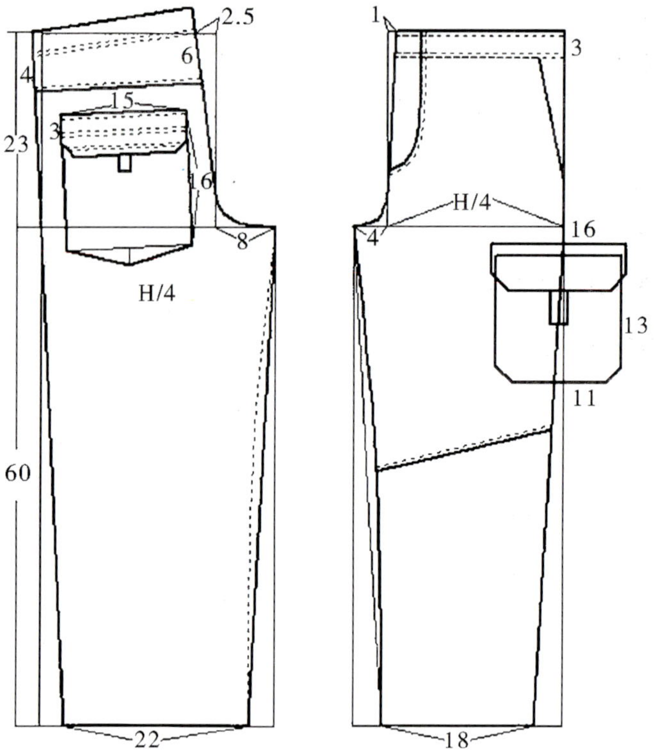

图 4 -14

二、休闲女童裤

图 4 -15

图 4 -16

1. 款式风格

此款式为直筒休闲长裤，全腰丈筋设计，舒适感强，适合女童穿着。前片设计月亮挖袋，膝外侧设计碎褶，后片设两贴袋（图4－15、图4－16）。

2. 面料选用

100%洗水棉。

3. 适合年龄

8～12周岁。

4. 规格设计

裤长＝直裆＋调节数值；

臀围＝净臀围＋放松量（8～12 cm）；

脚口＝所需大小。

以10周岁女童为例：

裤长＝23 cm＋62 cm＝85 cm；

臀围＝72 cm＋（8～12）cm＝80～84 cm；

脚口＝16 cm。

5. 纸样结构图（图4－17）

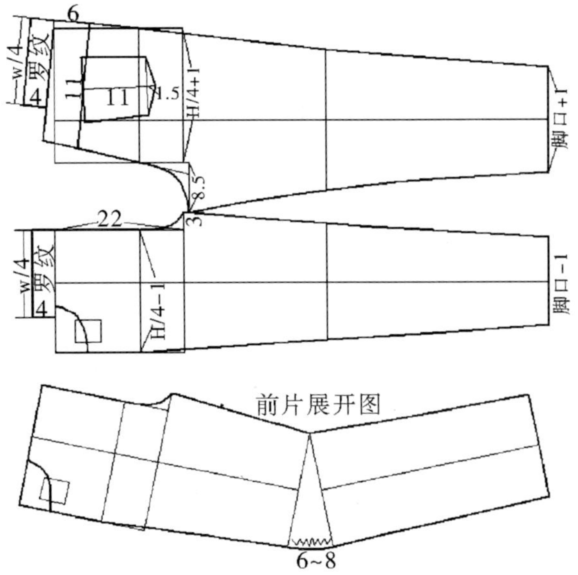

图4－17

第三节　中童连衣裙的纸样设计

一、铜盆领连衣裙

图 4 - 18

图 4 - 19

1. 款式风格

合体形设计，裙长至膝，轮廓造型为 X 形。平领设计，瓦片袖，衣身上半身设计刀背缝分割线，下身裙子从腰处设褶裥（图 4 - 18、图 4 - 19）。

2. 面料选用

100% 棉。

3. 适合年龄

6 ~ 10 周岁。

4. 规格设计

衣长 = 背长 + 调节数值；

胸围 = 净胸围 + 放松量（8 ~ 10 cm）；

袖长 = 所需袖长；

肩宽 = 实际肩宽。

以8周岁女童为例：

衣长 = 28 cm + 32 cm = 60 cm；

胸围 = 62 cm + (8 ~ 10) cm = 70 ~ 72 cm；

袖长 = 12 cm；

肩宽 = 31 cm。

5. 纸样结构图(图4－20)

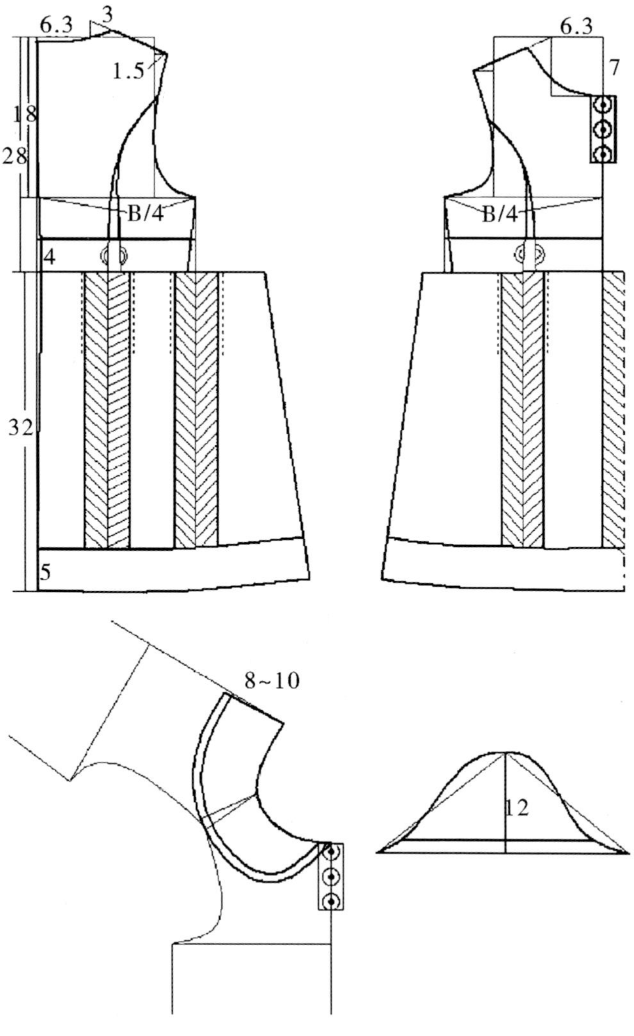

图4－20

二、低腰连衣裙

图 4－21

图 4－22

1. 款式风格

H 形合体连衣裙，上下拼接式结构；前衣片门襟处设双排六粒扣；后衣片背中断缝，装拉链。平领设计，一片式装袖，袖口滚边（图 4－21、图 4－22）。

2. 面料选用

100% 棉。

3. 适合年龄

6～10 周岁。

4. 规格设计

衣长＝背长＋调节数值；

胸围＝净胸围＋放松量（8～10 cm）；

袖长＝所需袖长；

肩宽＝实际肩宽。

以 10 周岁女童为例：

衣长＝33 cm＋（35～40）cm＝68～73 cm；

胸围＝67 cm＋（8～10）cm＝75～77 cm；

袖长＝15～17 cm；

肩宽 =33 cm。

5. 纸样结构图(图 4 –23)

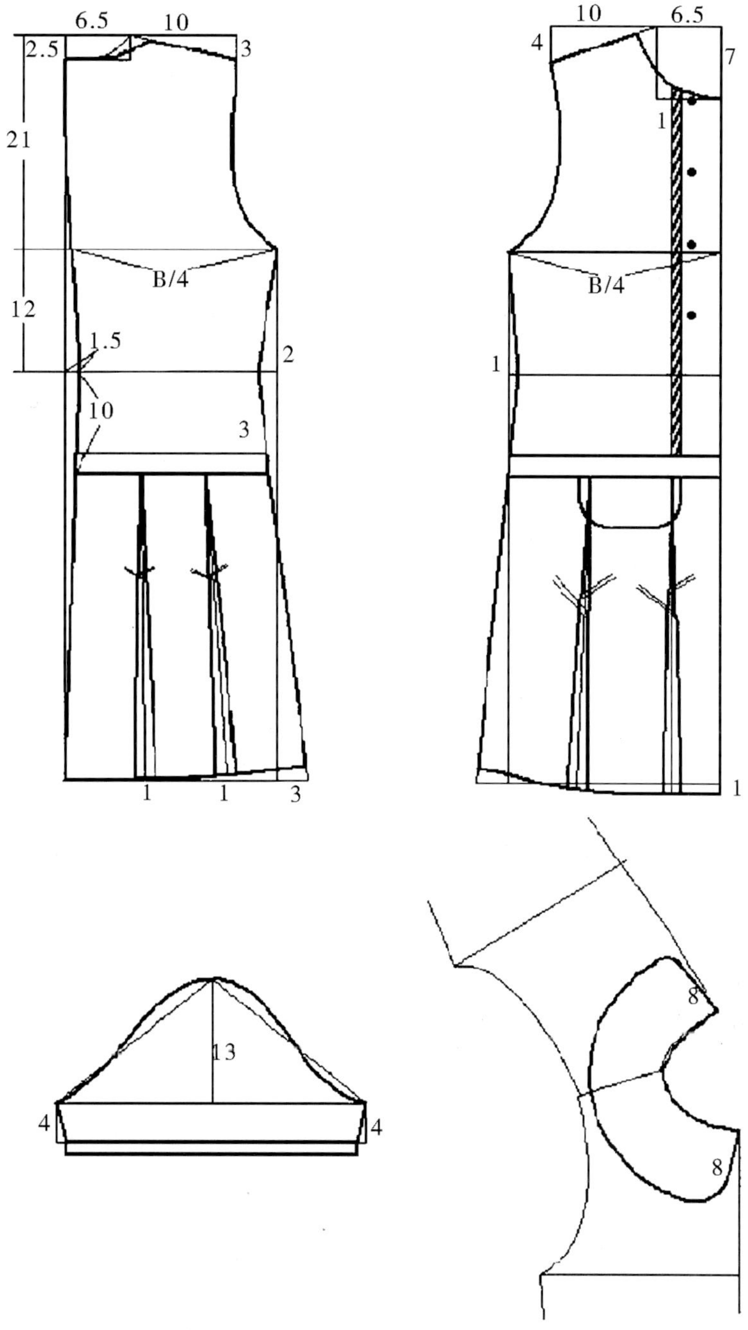

图 4 –23

第四节　中童卫衣的纸样设计

卫衣是一种比较厚的针织运动服装，也称长袖运动休闲衫，面料一般比普通面料要厚，其袖口通常使用同一面料。卫衣能够兼顾时尚性与功能性，融合舒适与时尚，是各年龄段儿童运动休闲的常备服装。众多的童装品牌都在推出形形色色的款式和图案的卫衣。卫衣有套头式设计和开襟式设计，通常较宽松，有连衣风帽设计，腹部位置都有两个浅斜口袋，可以是大贴袋、暗袋或插袋，袖子经常使用插肩袖（图 4 – 24 至图 4 – 27）。

图 4 – 24

图 4 – 25

图 4 – 26

图 4 – 27

图 4 - 28

图 4 - 29

1. 款式风格

宽松型连帽式卫衣，前衣片设计大贴袋；后衣片为完整一片式。帽领设计，一片式装袖，袖口与底边装罗纹；袖中与袋口处镶边（图 4 - 28、图 4 - 29）。

2. 面料选用

100% 针织棉、摇粒绒。

3. 适合年龄

6 ~ 10 周岁。

4. 规格设计

衣长 = 背长 + 调节数值；

胸围 = 净胸围 + 放松量（15 ~ 20 cm）；

袖长 = 所需袖长。

以 10 岁男童为例：

衣长 = 33 cm + (35 ~ 40) cm = 68 ~ 73 cm；

胸围 = 67 cm + (15 ~ 20) cm = 82 ~ 87 cm；

袖长 = 46 cm。

5. 纸样结构图（图 4 - 30）

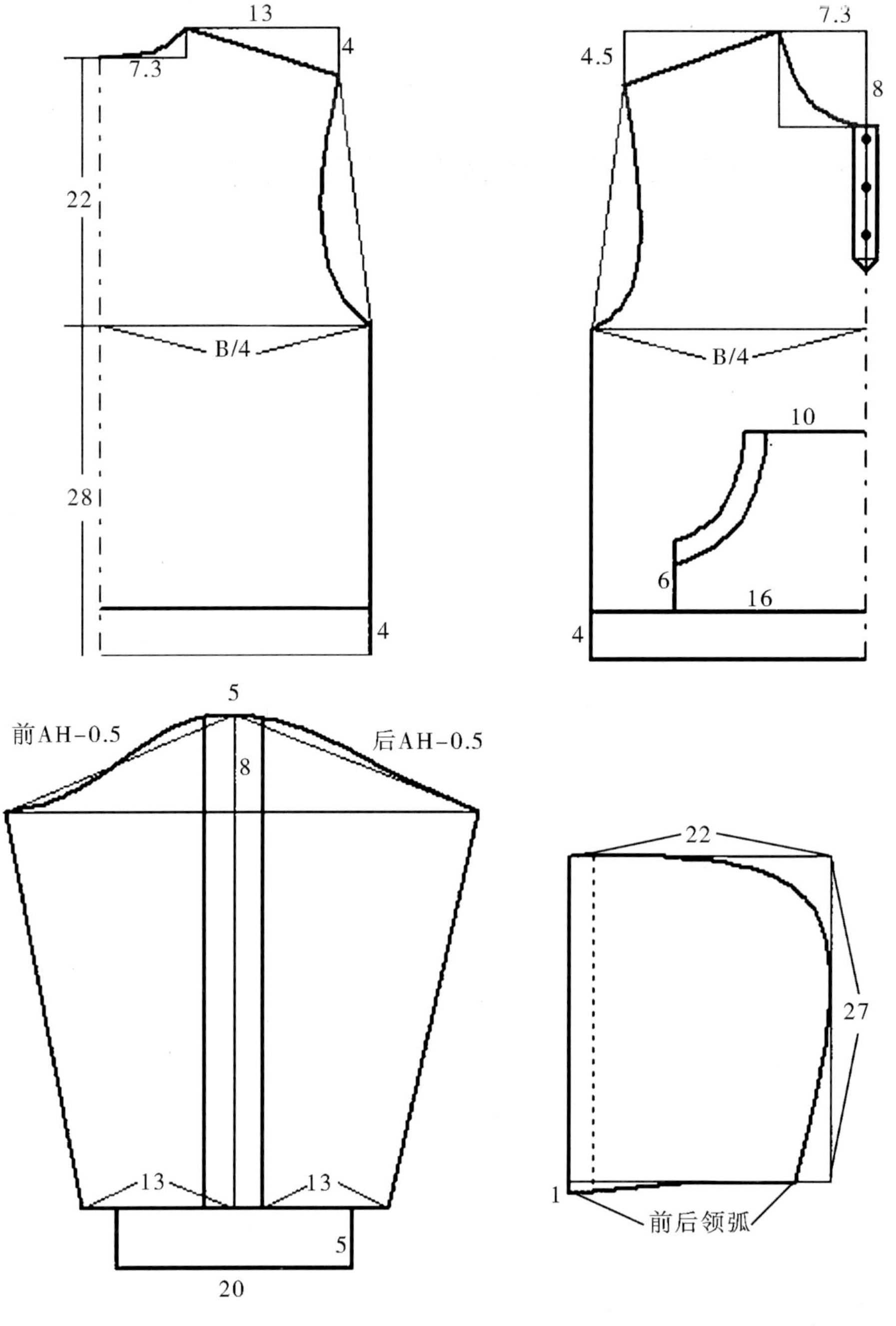
13
4
7.3
22
B/4
28
4
7.3
4.5
8
B/4
10
6
16
4
5
前AH-0.5
后AH-0.5
8
13
13
5
20
22
27
1
前后领弧

图 4－30

第五节　中童夹克的纸样设计

夹克是男、女儿童均可穿着的一种短上衣。其基本款式特点为：衣长在腰部或臀部位置，设有收紧的下摆，外部造型为上身蓬鼓，下摆和袖口有收紧设计；在领口、袖口、底摆大都有罗纹针织饰物；前门襟有拉链式、按扣式、搭门式；领子可以使用翻领、连帽领等，连帽通常叫风帽，有明风帽和暗风帽之分；经常使用辑明线设计。夹克根据季节可以分为单夹克、衬里双层夹克和绗缝棉夹克、皮夹克。面料可以采用斜纹布、帆布、牛仔布、经过水洗磨毛整理的织物及皮革面料，很多面料有防水涂层，防水压风，以锦纶等化纤面料居多（图 4－31 至图 4－34）。

图 4－31

图 4－32

图 4－33

图 4－34

1. 款式风格

宽松型立领夹克，前衣片胸部设贴袋，后片有过肩分割。一片式装袖，袖口与底边装罗纹（图 4－35）。儿童上学和外出时，适宜穿这样的服装，便于儿童校内外的活动。

图 4－35

2. 面料选用

防雨涂层面料。

3. 适合年龄

6～10 周岁。

4. 规格设计

衣长＝背长＋调节数值；

胸围＝净胸围＋放松量（15～25 cm）；

袖长＝所需袖长。

以 10 周岁儿童为例：

衣长＝33 cm＋（15～20）cm＝48～53 cm；

胸围＝67 cm＋（15～25）cm＝82～92 cm；

袖长＝47 cm。

5. 纸样结构图（图 4－36）

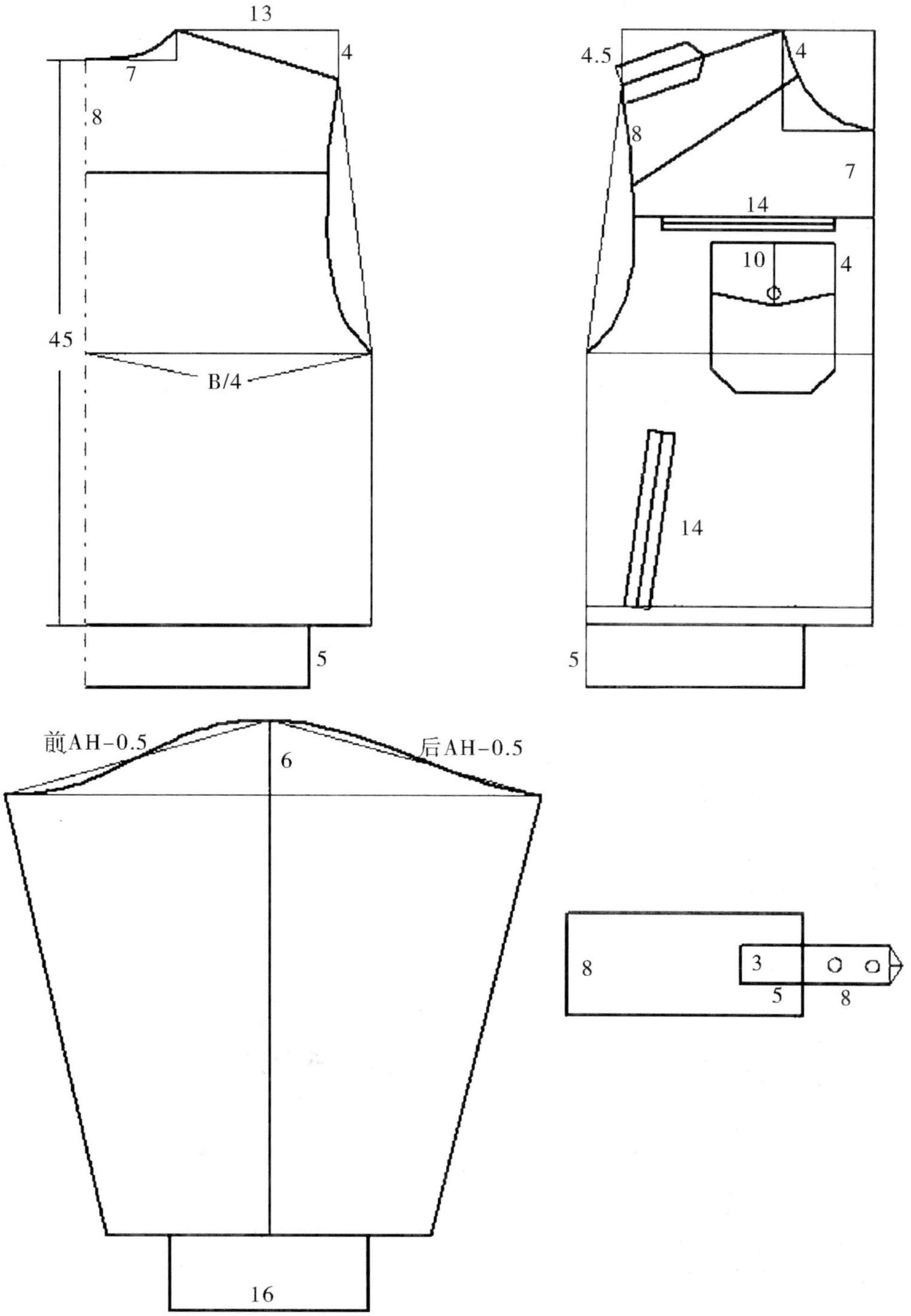

图 4 -36

第六节　中童套装的纸样设计

套装的设计是指将服装品种进行搭配设计，使之在购买时已经可以配套使用。套装是服装设计中常用的一种形式，如上下两件套的套装、T 恤衫与短裙或短裤搭配、衬衫与裤子或裙子搭配，短袖上衣与背带裙搭配等。此外还可以根据需要和设计的目的，将服装与服饰品进行配套组合设计，如运动装等。套装可以交叉搭配穿着，形成多种穿法，穿出多种效果（图 4－37 至图 4－40）。

图 4－37

图 4－38

图 4－39

图 4－40

1. 款式风格

此款式为休闲套装，以小西装配哈伦裤，舒适感强。小西装设弧形分割线，两袋盖，单排两粒扣，后片设大蝴蝶结配拉链，显得活泼时尚（图 4-41、图 4-42）。

图 4-41

图 4-42

2. 面料选用

100%针织棉。

3. 适合年龄

7~10 周岁。

4. 规格设计

衣长 = 背长 + 调节数值；

胸围 = 净胸围 + 放松量(8~10 cm)；

袖长 = 实际袖长 +3 cm。

以 9 周岁儿童为例：

衣长 =30 cm +12 cm =42 cm；

胸围 =64 cm +(8~10)cm =72~74 cm；

肩宽 =32 cm；

袖长 =46 cm；

裤长 =77 cm。

5. 纸样结构图(图 4 －43、图 4 －44)

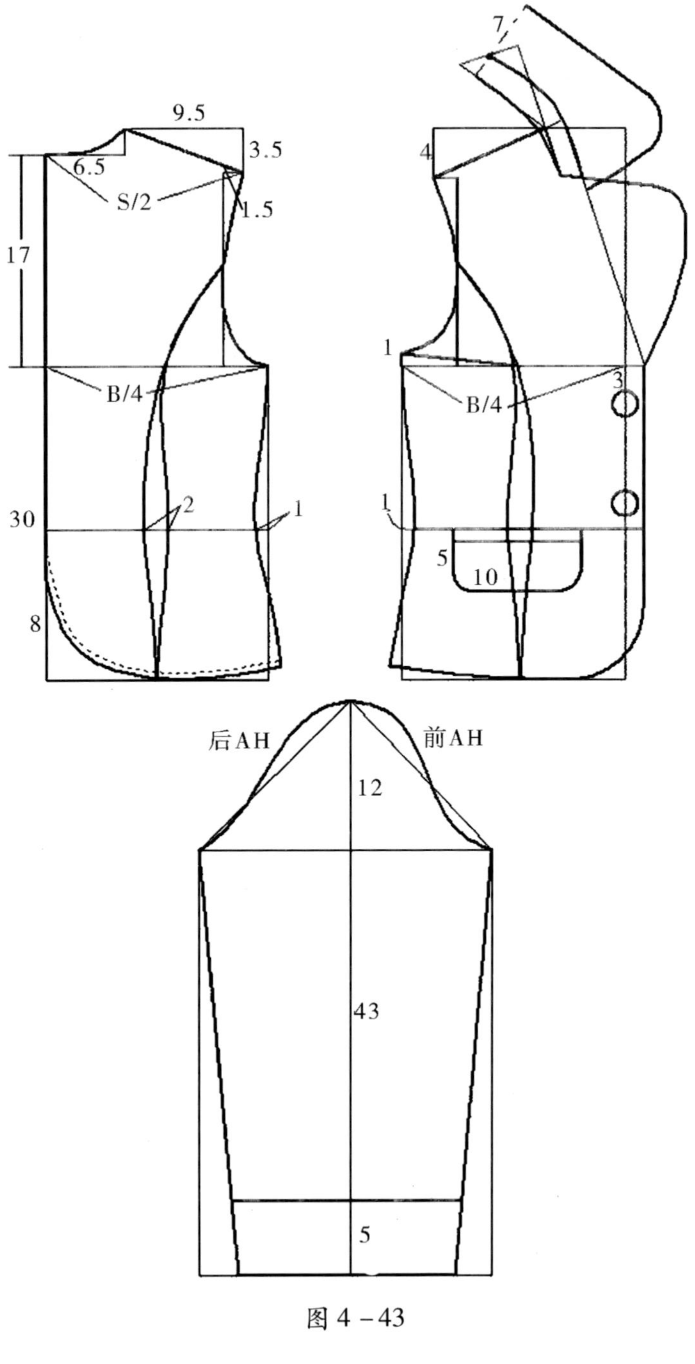

图 4 －43

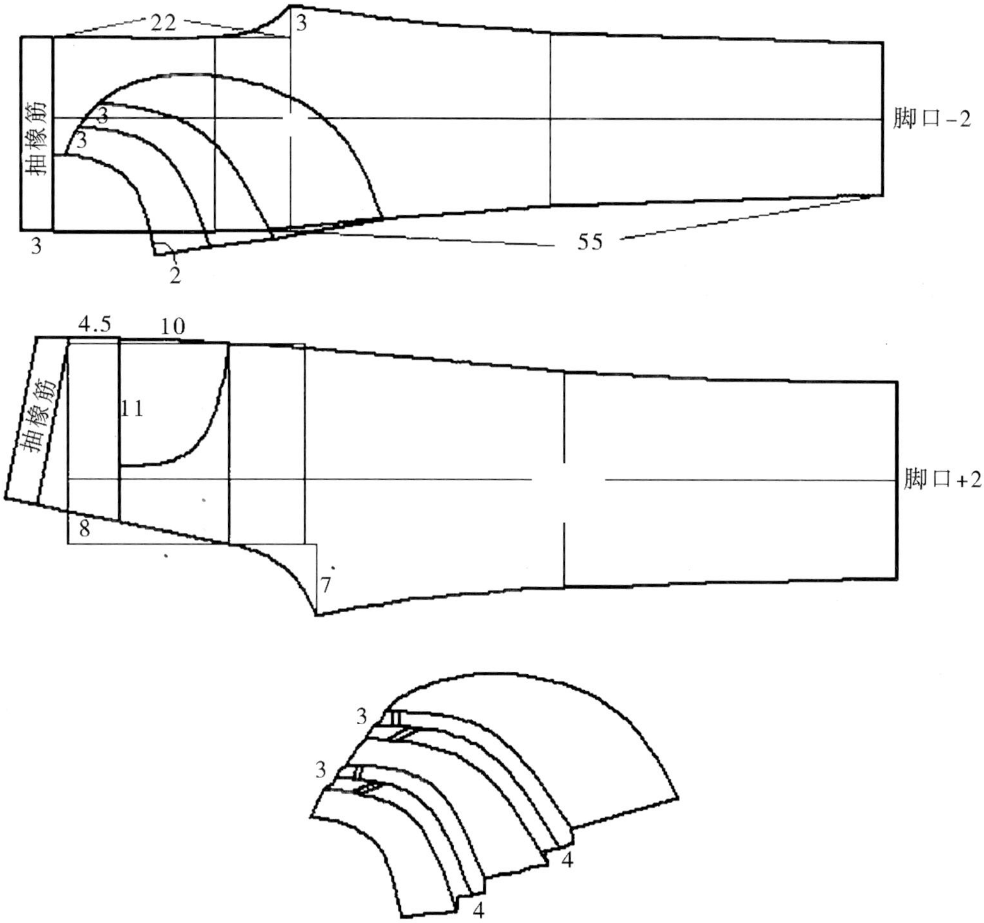

图 4－44

第七节　中童大衣的纸样设计

图 4－45

图 4－46

1. 款式风格

该款式为时尚大衣，A 形衣摆，单排三粒扣，领口与前襟处装饰荷叶边，腰处设横向分割线，斜插袋，后片腰线下设两个工字褶，袖口呈喇叭造型，较适合冬季穿着。

2. 面料选用

50% 棉，50% 涤纶。

3. 适合年龄

10～12 周岁。

4. 规格设计

衣长＝背长＋调节数值；

胸围＝净胸围＋放松量(10～15 cm)；

袖长＝实际袖长。

以 11 周岁女童为例：

衣长 =33 cm +（40 ~45）cm =73 ~78 cm；

胸围 =70 cm +（10 ~15）cm =80 ~85 cm；

肩宽 =34 +2 cm =36 cm；

袖长 =45 cm。

5. 纸样结构图(图 4 –47)

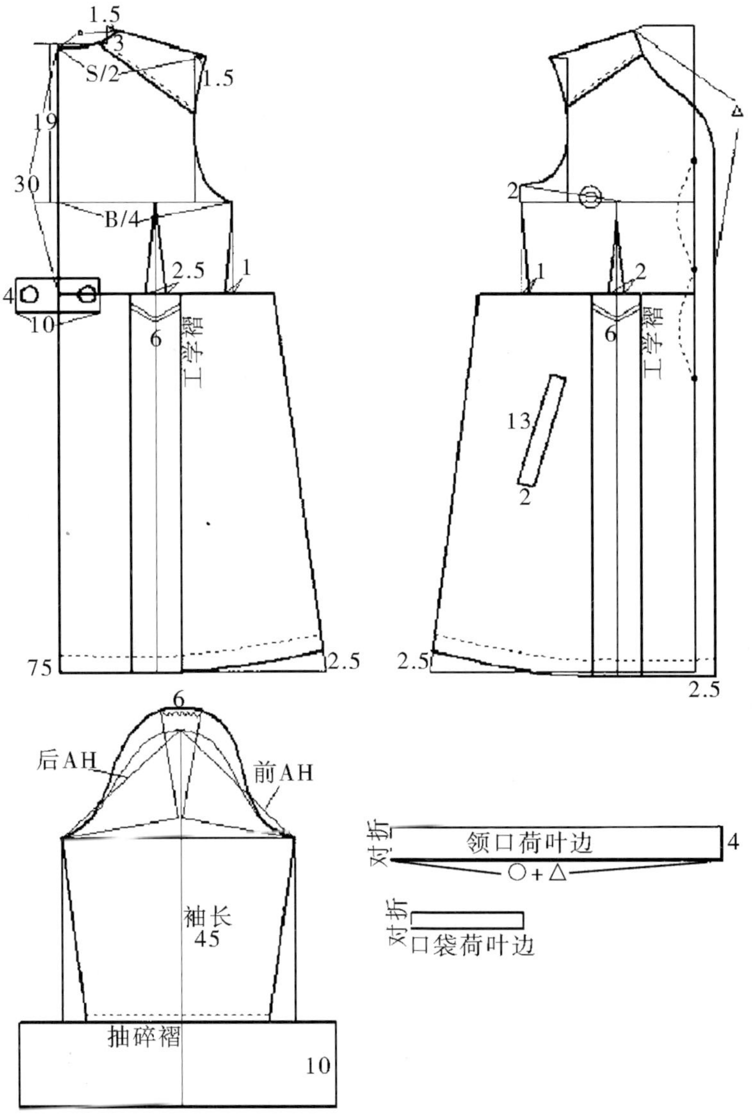

图 4 –47

第五章 大童装的纸样设计

大童期是指 13 至 15 岁，是儿童的生理和心理状态变化较大的中学时期。这一时期也是儿童向青少年转换过渡的时期，男女性别差异增大，体型渐渐接近成年人。女孩子胸部开始隆起，臀部凸出，显现少女体型；男孩则变得肩膀宽平，身高、体重、胸围尺寸快速增加，头身比例增至 1∶7 或 1∶7.5。这一时期儿童所穿服装即为少年服装，也称大童装(图 5－1)。

图 5－1

大童在心理上向往成为成年人，并有所追求，对服装的关心程度也越来越高，而且也懂得了如何使自己的衣着适合不同的场合。如独立选择随意的上、下组合装，连衣裙或端庄的套装，隆重的礼服等。从外观上看，大童服装的款式与成年人服装相似，有一定的流行时尚，但其造型、色彩、面料的设计与选择，更注重体现少年期儿童所具有的特殊的美感，如少女的纯真可爱，少年的勃勃生机、学生气质等。切忌无目的的模仿和追随成人服装的流行款式。这一时期，大童以学习为主，因此服装款式不要太复杂，以简洁大方为宜（图 5－2）。

图 5－2

设计少女裙装时，裙下摆不宜过窄，否则会影响活动，且与少女活泼纯真的气质相悖。制作时，可将裙长和裙腰尺寸留调节余量，以便于长高后放出余量，继续穿用。为不妨碍发育，腰身不宜收得太紧。裙长要适当，最好在膝线上 5 cm。太长了，穿起来会显得老态；太短了，又不雅观（图 5－3、图 5－4）。

图 5－3

图 5－4

大童装的色彩不再那么艳丽，以常用色彩为宜，相对比较中性的如黑色、蓝色、白色、咖啡色、香草棕色等色彩在大童的服装中都经常使用。女大童经常采用些柔和的粉色调，比如浅粉色、粉紫色、嫩黄色等，还可以选用一些同样比较女性化的花色面料（图5－5、图5－6）。

大童装可依据设计、穿用季节和个人喜好选择适宜的面料。面料以手感舒适、透气性好、朴素大方、耐磨易洗的衣料为宜。春、夏季可用纯棉布、麻纱布、人造棉等，秋、冬季可用法兰绒、化纤或混纺织物等（图5－7、图5－8）。

图5－5

图5－6

图5－7

图5－8

第一节 T恤衫的纸样设计

T恤衫是大童春、夏季常穿用的上衣品种之一，可与裤子或者裙子搭配穿着。T恤衫可分为长袖、中袖、短袖T恤衫等。大多使用圆领、翻领和V领。面料主要使用全棉针织物和丝混纺针织物等，如单面平纹面料、双面平纹面料、珠地面料、提花面料，还有印花面料、条纹面料等。大童T恤衫经常使用图案，如印花图案、珠绣图案等，各种各样独具特色的图案深受大童的喜爱（图5－9至图5－12）。

图5－9

图5－10

图5－11

图5－12

一、女童短袖T恤

图 5－13

图 5－14

1. 款式风格

A 字裙摆，圆领，一片式短泡泡袖，前身左肩部及右下摆处有立体花装饰，下摆设计花边装饰（图 5－13、图 5－14）。

2. 面料选用

针织棉 95% 棉，5% 氨纶。

3. 适合年龄

12～15 周岁。

4. 规格设计

衣长＝背长＋调节数值；

胸围＝净胸围＋放松量（4～6 cm）；

袖长＝所需袖长；

肩宽＝实际肩宽。

以 15 周岁女童为例：

衣长＝37 cm＋23 cm＝60 cm；

胸围＝82 cm＋（4～6）cm＝86～88 cm；

袖长＝12 cm；

肩宽 =37 cm。

5. 纸样结构图(图 5 - 15)

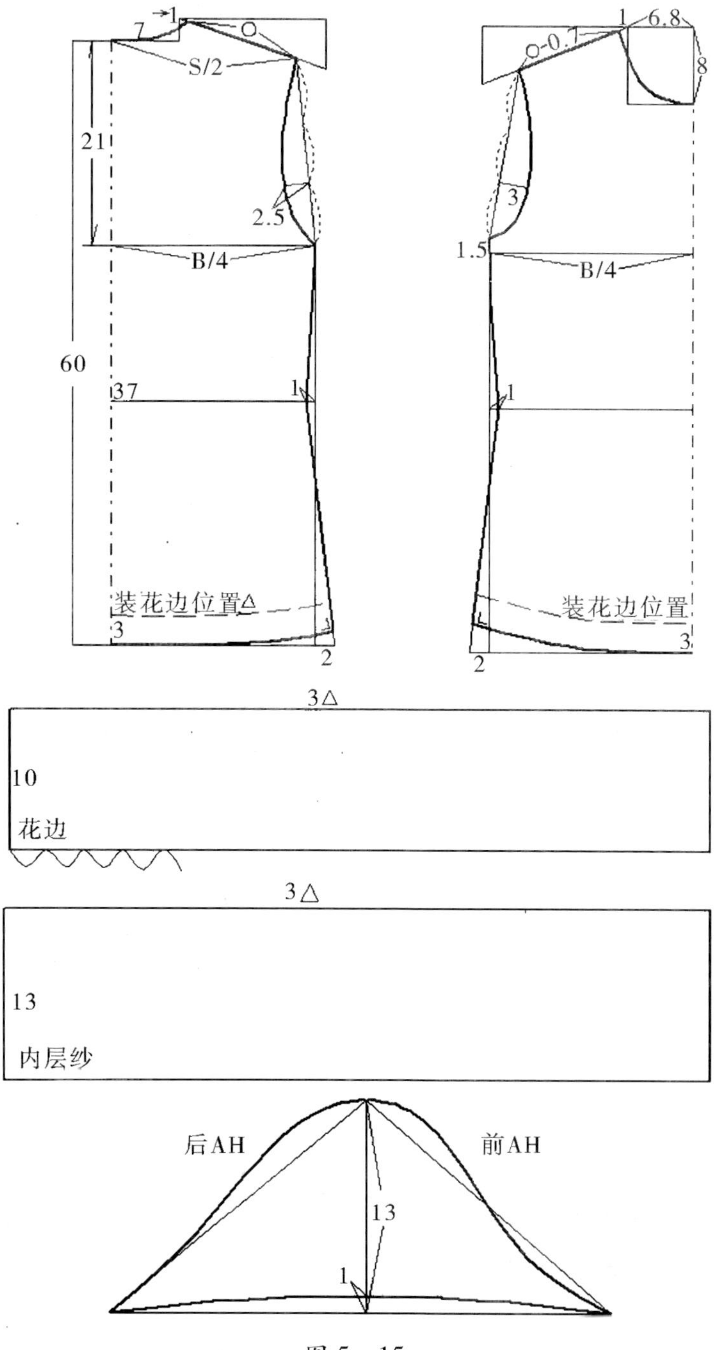

图 5 - 15

二、男童T恤衫

图5－16

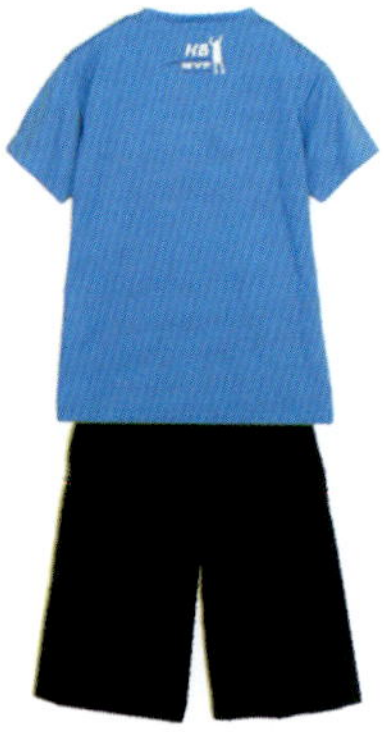

图5－17

1. 款式风格

直身运动型，V字领，一片宽松短袖，前片印花图案装饰（图5－16、图5－17）。

2. 面料选用

100%聚酯纤维。

3. 适合年龄

12～15周岁。

4. 规格设计

衣长＝背长＋调节数值；

胸围＝净胸围＋放松量（10 cm）；

肩宽＝净肩宽＋放松量；

裤长＝所需长度；

臀围＝净臀围＋调节数（20 cm）。

以15周岁男童为例：

衣长＝40 cm＋22 cm＝62 cm；

胸围＝82 cm＋10 cm＝92 cm；

袖长＝24 cm；

肩宽＝40 cm；

裤长 =52 cm；

臀围 =110 cm；

脚口 =30 cm。

5. 纸样结构图(图 5 –18)

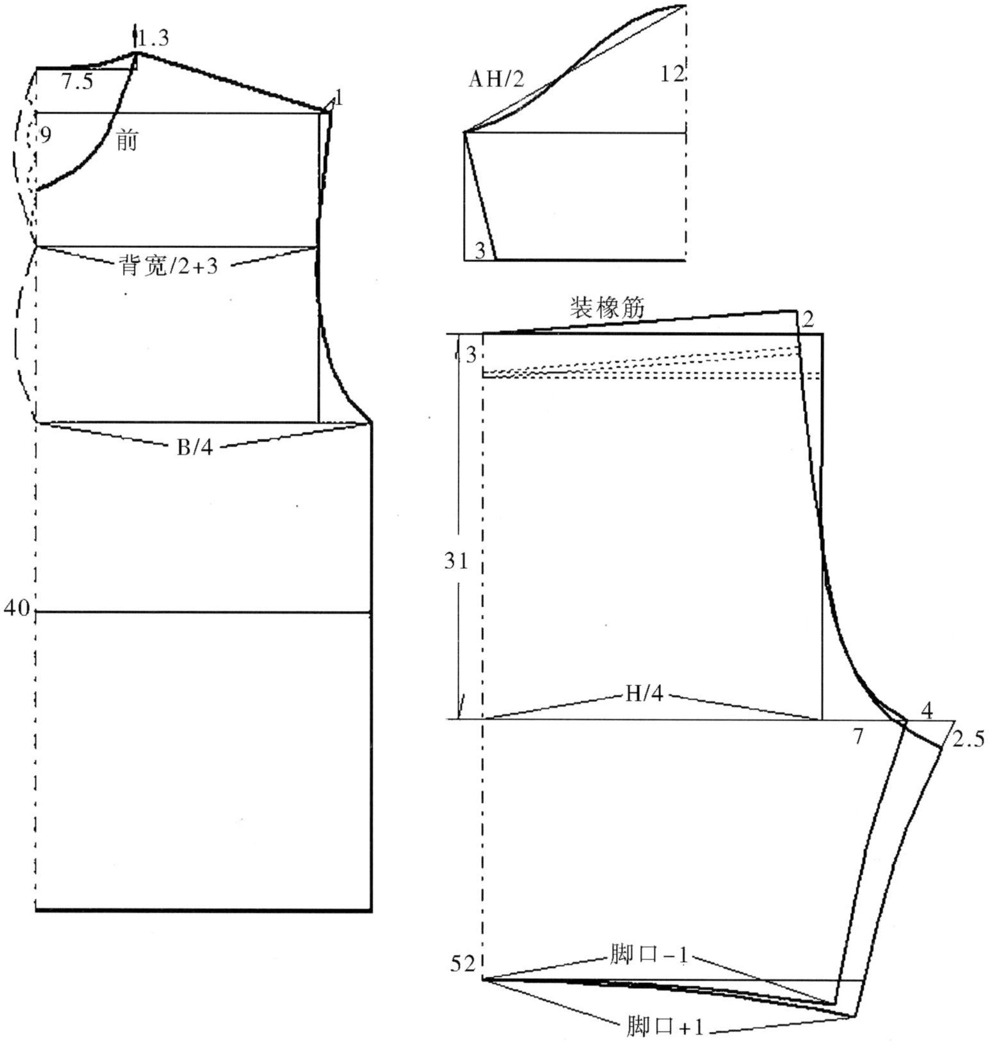

图 5 –18

第二节　连衣裙的纸样设计

少女时期的连衣裙选择中腰 X 形的造型能够体现娟秀的身姿，上身适体而略显腰身，下裙展开，这类款式具有利落、活泼的特点。为使穿着时便于行动，以及整体效果显得端庄，袖子结构比较合体方便，可使用平装袖、落肩袖、插肩袖等。也常常使用泡泡袖、衬衫袖、荷叶袖等（图 5－19 至图 5－22）。

图 5－19

图 5－20

图 5－21

图 5－22

1. 款式风格

A 形裙摆，方领，荷叶边袖，后中断缝，装拉链；前片设计纵向分割线，分割线处加荷叶边装饰；腰节断开，裙腰处设计碎褶（图 5－23、图 5－24）。

图 5－23

图 5－24

2. 面料选用

100% 棉。

3. 适合年龄

12～15 周岁。

4. 规格设计

衣长＝背长＋调节数值；

胸围＝净胸围＋放松量（4～6 cm）；

袖长＝所需袖长；

肩宽＝实际肩宽－调节数。

以 14 周岁女童为例：

衣长＝37 cm＋43 cm＝80 cm；

胸围＝82 cm＋（4～6）cm＝86～88 cm；

腰围＝76 cm；

肩宽＝30 cm。

5. 纸样结构图(图5－25、图5－26)

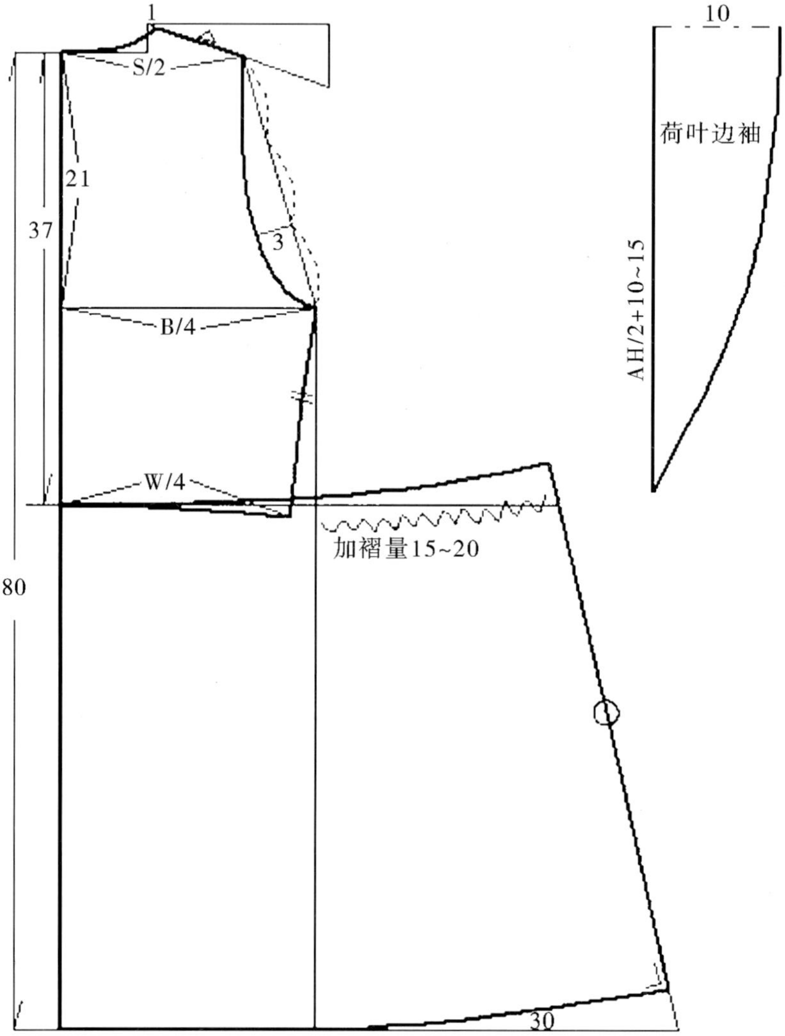

图5－25

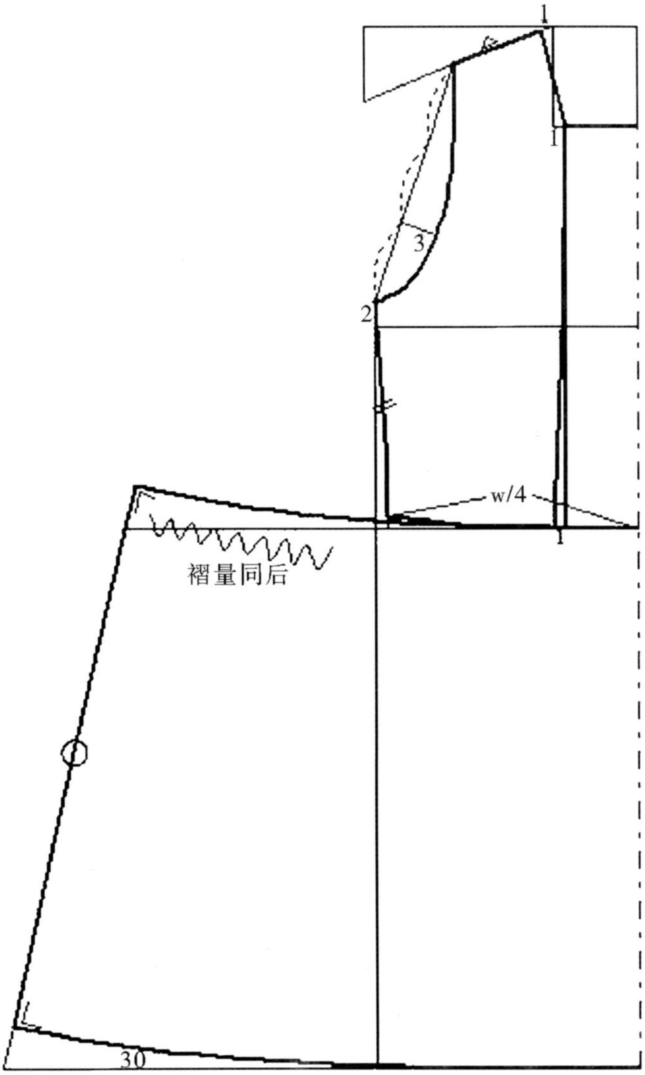

图 5－26

第三节　大童衬衫的纸样设计

一、男大童休闲衬衫

图 5－27

图 5－28

1. 款式风格

直身型，衬衫立翻领，一片式宽松长袖，前片设计两胸贴袋；后片设计过肩分割线，后中断缝；袖口处打褶（图 5－27、图 5－28）。

2. 面料选用

100% 棉。

3. 适合年龄

12～15 周岁。

4. 规格设计

衣长 = 背长 + 调节数值；

胸围 = 净胸围 + 放松量（15～20 cm）；

肩宽 = 净肩宽 + 放松量；

袖长 = 所需长度。

以 15 周岁男童为例：

衣长 =40 cm +28 cm =68 cm；

胸围 =82 cm +（15 ~20）cm =97 ~102 cm；

肩宽 =42 cm；

袖长 =55 cm。

5. 纸样结构图（图 5 –29）

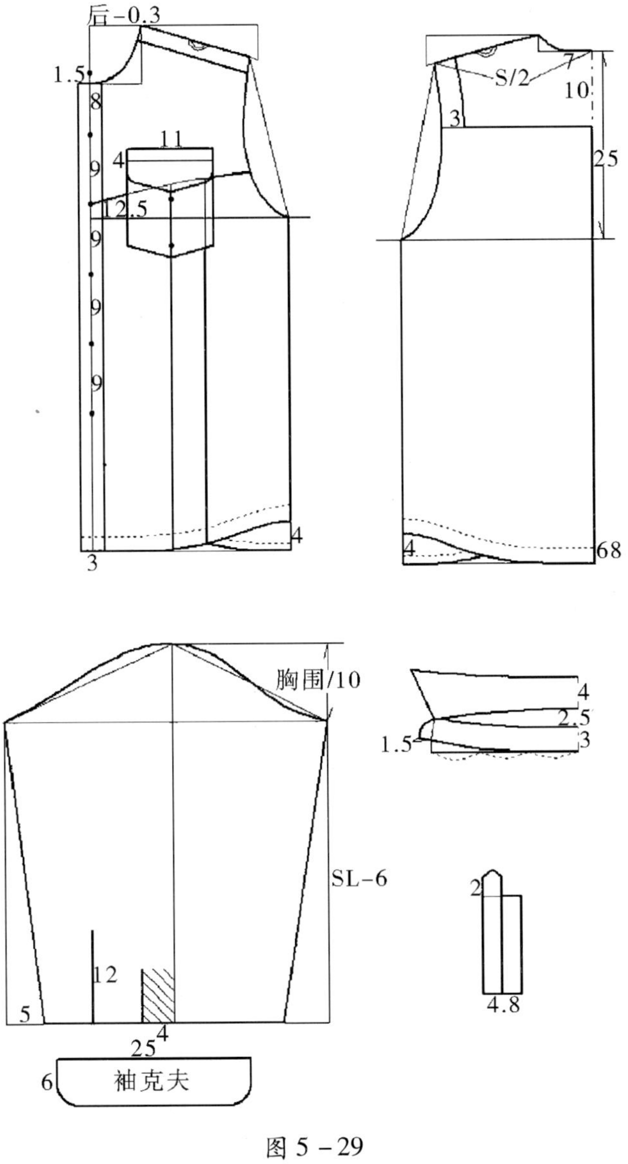

图 5 –29

二、女大童衬衫

图 5－30

图 5－31

1. 款式风格

X 形，立领加花边装饰，一片式衬衫袖；前、后片设计成弧形刀背线分割；前片胸前设计四个单褶；披肩设计，在领口处装有蝴蝶结（图 5－30、图 5－31）。

2. 面料选用

100% 棉。

3. 适合年龄

12～15 周岁。

4. 规格设计

衣长＝背长＋调节数值；

胸围＝净胸围＋放松量（6～8 cm）；

袖长＝所需袖长；

肩宽＝实际肩宽。

以 13 周岁女童为例：

衣长＝35 cm＋18 cm＝53 cm；

胸围 = 76 cm + (6 ~ 8) cm = 82 ~ 94 cm;

袖长 = 53 cm;

肩宽 = 37 cm。

5. 纸样结构图(图 5 - 32)

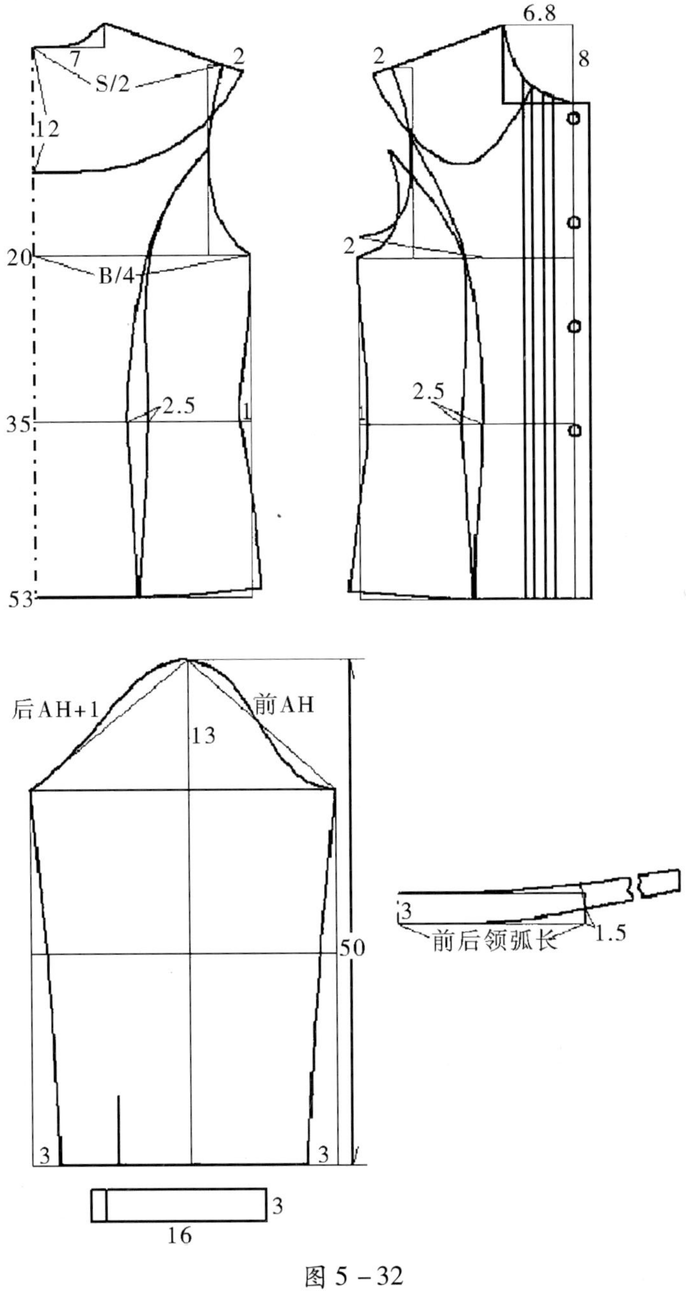

图 5 - 32

第四节　大童风衣外套的纸样设计

风衣外套是儿童防风、防寒的服装，是外出必备的服装之一。风衣外套的衣长大多在膝盖上下，也有某些短款。风衣外套造型大多使用上窄下宽的 A 字型和直身式的 H 型，有时也会有造型独特的设计；结构上有断开式和连身式，大衣的袖笼相对深一些，插肩袖、装袖、连身袖都可以使用。大童的风衣外套的面料可以采用毛混纺织物、棉混纺织物、厚实的粗纺织物以及硬挺的牛仔织物等（图 5－33 至图 5－36）。

图 5－33

图 5－34

图 5－35

图 5－36

一、女大童风衣

1. 款式风格

A 型裙摆，翻领，荷叶边袖；前片设计纵向分割线，分割线处加荷叶边装饰，后背中断缝，后腰节断开，裙腰处设碎褶（图 5－37、图 5－38）。

图 5－37

图 5－38

2. 面料选用

100% 棉。

3. 适合年龄

12～15 周岁。

4. 规格设计

衣长＝背长＋调节数值；

胸围＝净胸围＋放松量（6～8 cm）；

袖长＝所需袖长；

肩宽＝实际肩宽。

以 14 周岁女童为例：

衣长＝36 cm＋34 cm＝70 cm；

胸围＝78 cm＋（6～8）cm＝84～86 cm；

袖长＝53 cm；

肩宽 = 37 cm。

5. 纸样结构图(图 5－39、图 5－40)

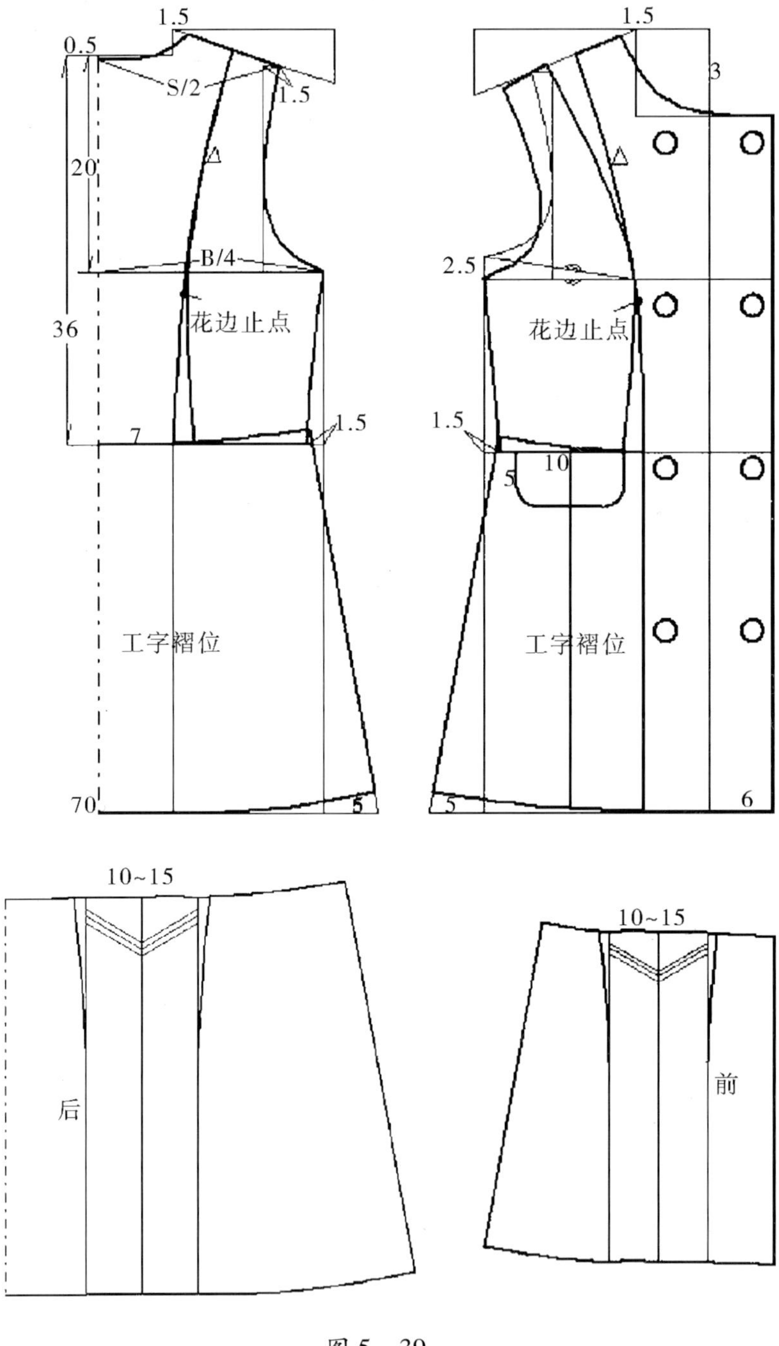

图 5－39

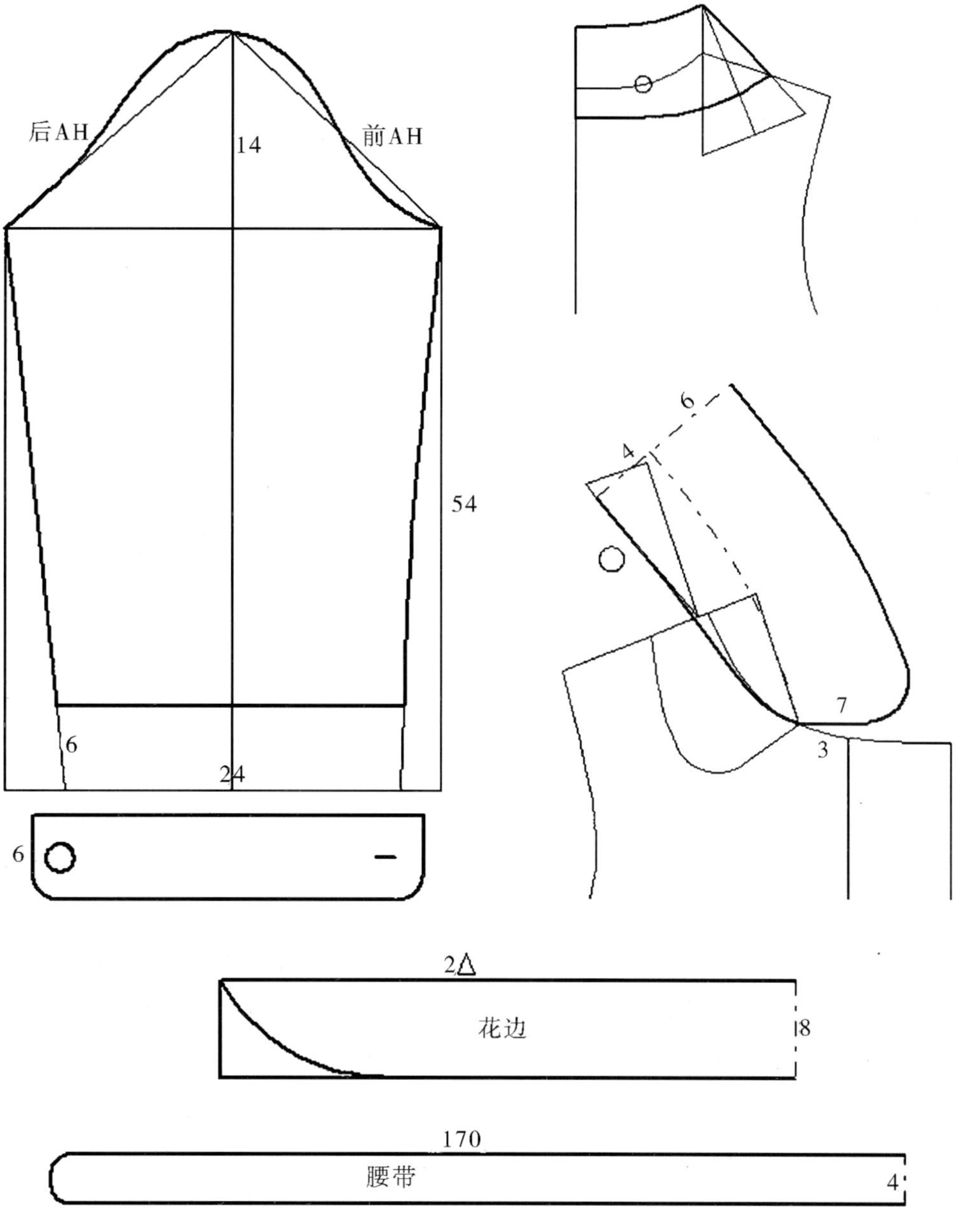

图 5－40

二、女大童外套

图 5－41

图 5－42

1. 款式风格

廓型为 A 形，前片圆摆设计，以帽代领，一片式合体袖；前片门襟、袋口和帽领边均用针织线装饰（图 5－41、图 5－42）。

2. 面料选用

100% 棉。

3. 适合年龄

12～15 周岁。

4. 规格设计

衣长＝背长＋调节数值；

胸围＝净胸围＋放松量（10～15 cm）；

袖长＝所需袖长；

肩宽＝实际肩宽。

以 14 周岁女童为例：

衣长＝36 cm＋40 cm＝76 cm；

胸围＝78 cm＋（10～15）cm＝88～93 cm；

袖长＝55 cm；

肩宽 =37 cm。

5. 纸样结构图(图 5 −43、图 5 −54)

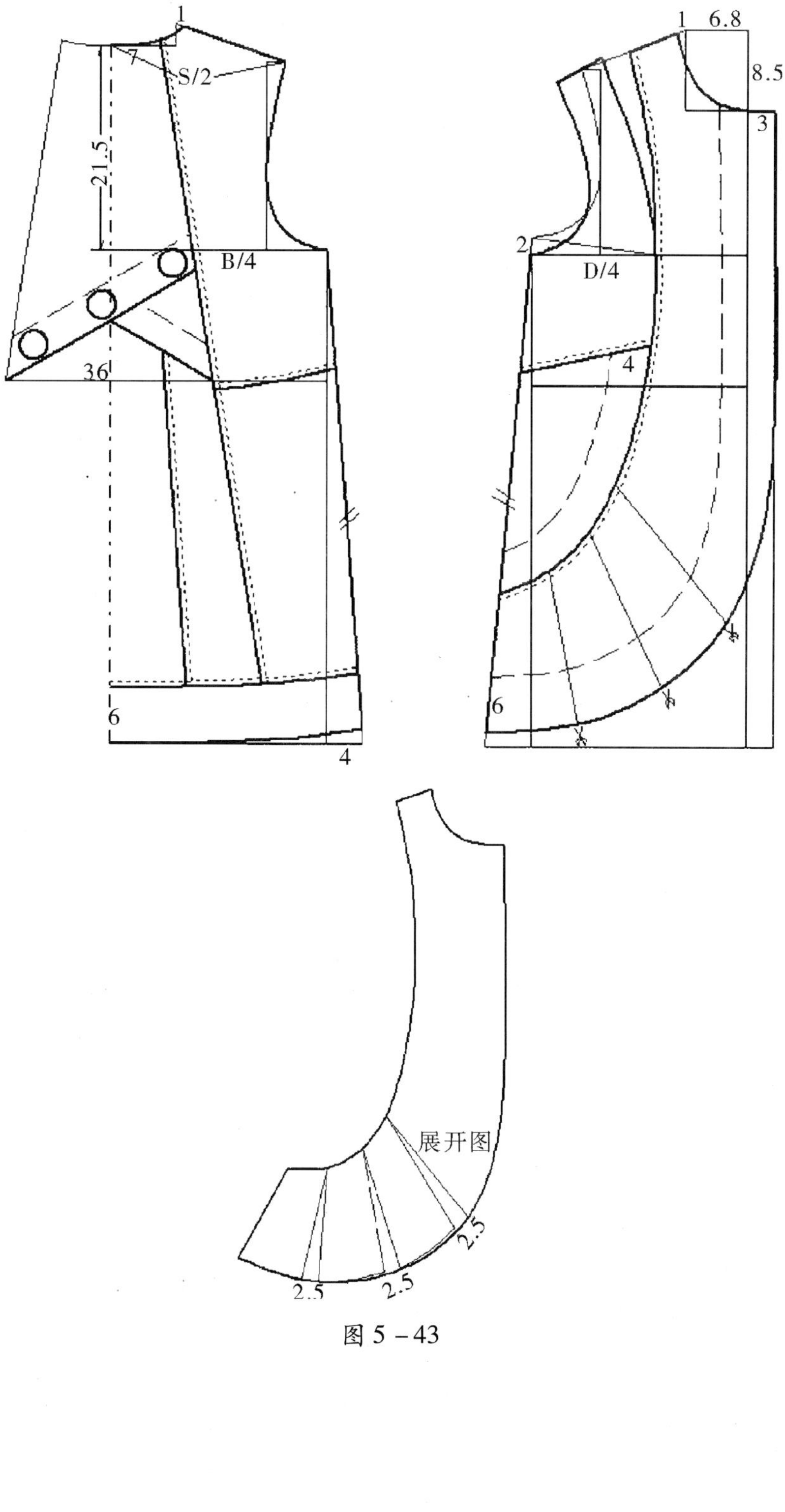

图 5 −43

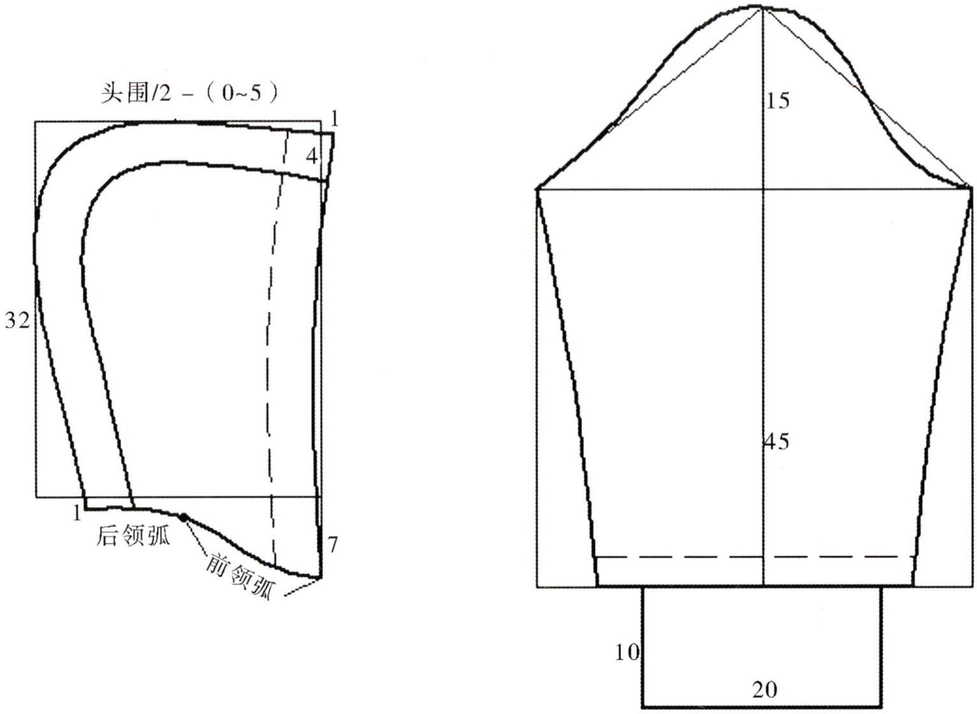

图 5 -44

三、斗篷外套

图 5 -45

图 5 -46

1. 款式风格

斗篷形，帽领；后片设计两条 A 形分割线；前片设计胸挡，双排扣（图 5－45、图 5－46）。

2. 面料选用

100% 羊绒。

3. 适合年龄

12～15 周岁。

4. 规格设计

衣长＝背长＋调节数值。

以 14 周岁女童为例：

衣长＝36 cm＋34 cm＝60 cm。

5. 纸样结构图（图 5－47）

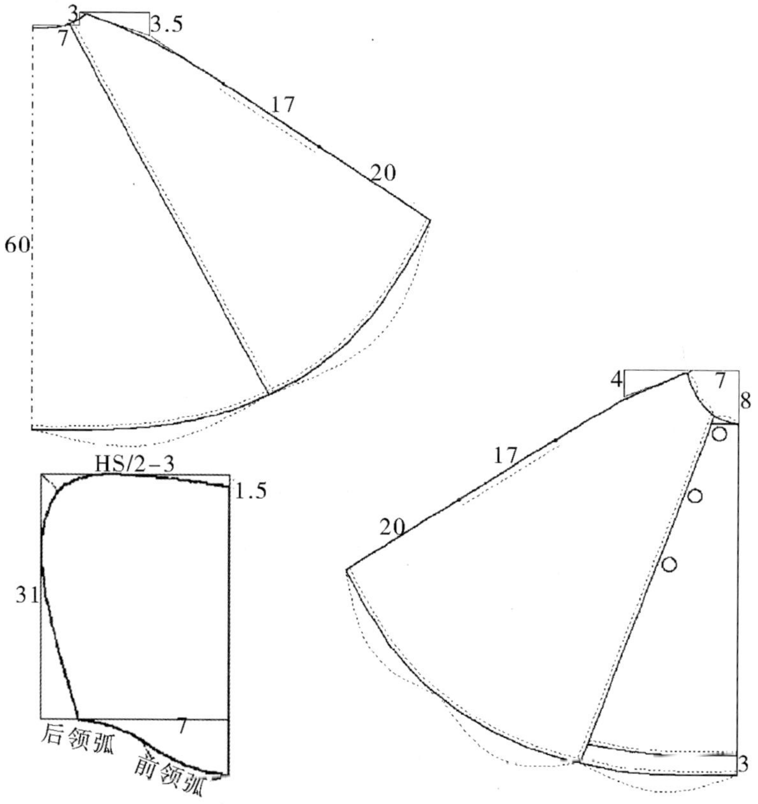

图 5－47

四、男大童风衣外套

图 5－48

图 5－49

1. 款式风格

直身型双排扣，腰间系腰带；两用翻领，一片式合体袖；后中断缝，设计覆肩；前片设计斜插袋（图 5－48、图 5－49）。

2. 面料选用

毛呢面料。

3. 适合年龄

12～15 周岁。

4. 规格设计

衣长＝背长＋调节数值；

胸围＝净胸围＋放松量（10～15 cm）；

袖长＝所需袖长；

肩宽＝实际肩宽。

以 15 周岁儿童为例：

衣长＝40 cm＋33 cm＝73 cm；

胸围 =82 cm +(10 ~15)cm =92 ~97 cm;

袖长 =54 cm;

袖口 =14 cm;

肩宽 =40 cm。

5. 纸样结构图(图 5 -50、图 5 -51)

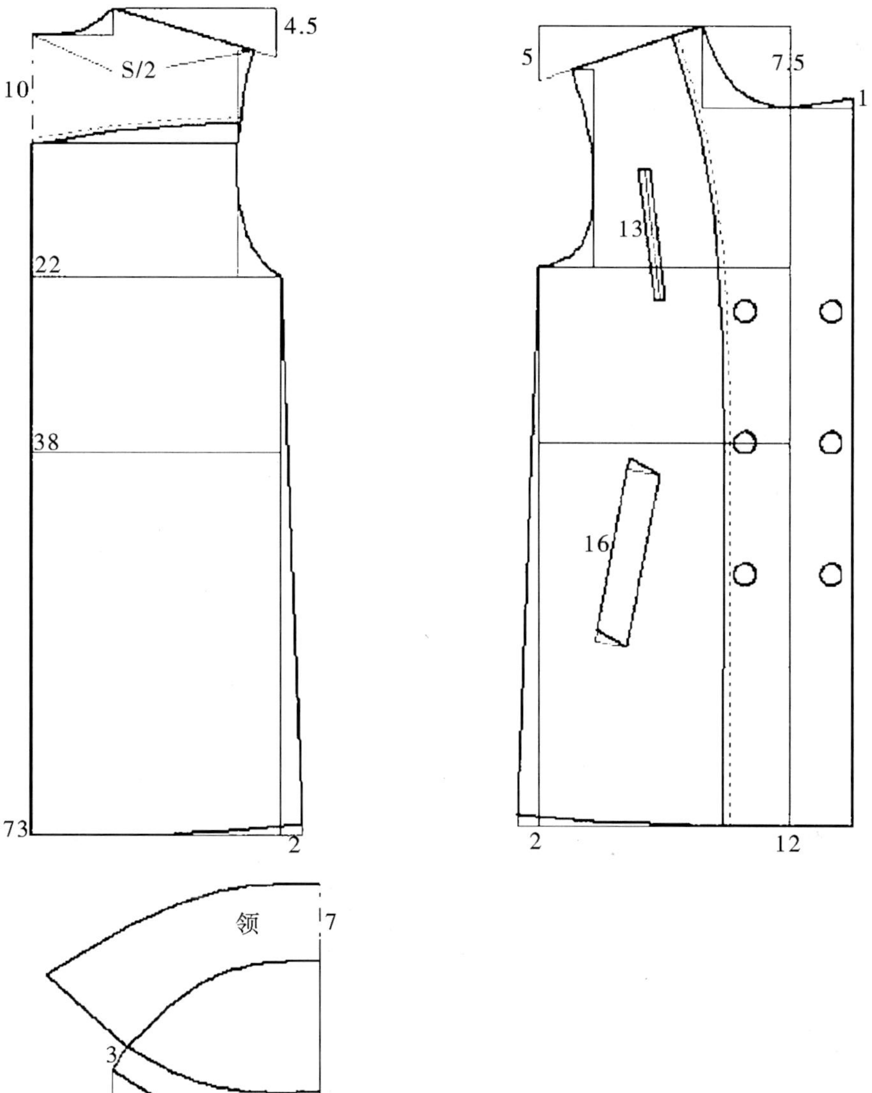

图 5 -50

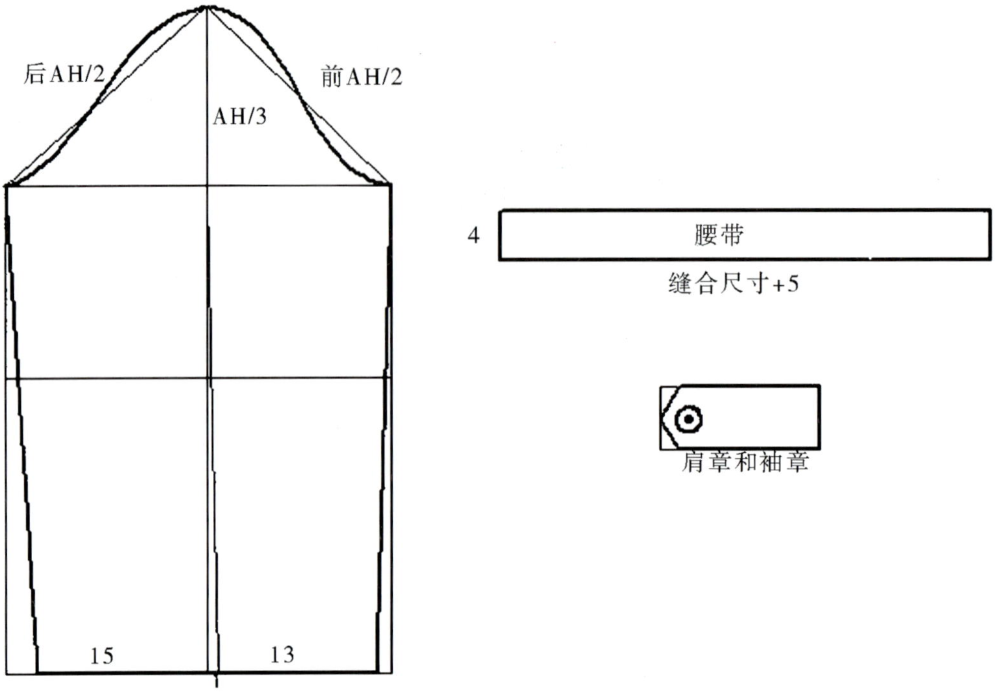

图 5－51

第六章 校服的纸样设计

校服指儿童上学时穿的服装，是由学校统一规定或专门设计的制式常备服装，主要用于聚会、礼仪与庆典等大型活动场合，是学校文化在服装上的一种表现。校服包括运动式校服和制服式校服两种（图 6－1）。

图 6－1

校服的设计除了要具备童装特性的共同要求之外，在设计时应注意考虑以下几方面的因素：

1. 尊重校服的基本特征

校服的重要特点就是经常需要以群体共同穿着的形式出现在人的面前。它不仅可以反映一个学校的文化背景，而且可以反映一个地区的整体文化素质和服装文化观念。由此在设计上要强调庄重严肃的特点，给人以整齐、严肃、安静、向上的感觉。因此严谨大方的款式、端庄稳重的配色是校服的基本特征（图 6－2 至图 6－5）。

2. 突出学校的特征

校服的特点是整齐、严肃、大方，应以突出学校文化特色与团体特征为目的。不同学校的校服设计因在保持校服特点的基础上尽量突出本校的文化特色，以用来显示与其他学校的区别。比如在装饰、色彩及学校校徽标志的设计上。

图 6－2

图 6－3

图 6－4

图 6－5

3. 反映各阶段儿童的年龄

校服从年龄上跨度较大，小到幼儿园的园服，大到小学、中学的校服。校服的设计需要和儿童的年龄相符合。园服要尽量体现幼儿天真、烂漫、可爱的气质。小学阶段的儿童的身体和心理个性尚未定型，整齐规范的服装对儿童健康心理的成长与集体荣誉感的培养有着无形的影响作用。小学生的校服设计应表现儿童积极向上、勤奋努力的特点；在款式和色彩的使用上要相对活泼明快，同时还要考虑小学生身体成长较快的特点，在其围度和长度上做些巧妙的设计，可适当使用一些装饰图案；书包和其他配饰的造型可以不必太拘束。中学阶段是一个人从童年走向成人的过渡阶段，在心理上向往成年人，个性独特。中学生校服设计一般都使用大方、端庄又不失青春活力的款式和比较稳重的色彩，书包和配饰的造型、色彩也不要太花哨（图 6－6、图 6－7）。

4. 注重校服的配套设计

校服的特点就是整齐、严肃，因此，校服的设计一般都非常注重配套设计的整体效果。一套校服一般包括上衣外套、衬衣、裤装或者裙装、毛衣、领带或领结、帽子、书包、鞋子、袜子等，按季节还可分为夏季校服，春、秋季校服和冬季校服。

图 6－6

图 6－7

第一节　运动式校服的纸样设计

运动式校服多指学生们在校园里进行体育活动时所穿着的服装，但目前我国的现状是很多学校的日常校服就是运动式校服。运动式校服的设计以体现少年的活泼天性为主，款式多样，色彩丰富，强调舒适、方便、美观、实用。夏装以纯棉针织面料的短衫、短裤为主；春、秋季装多以运动领长袖套衫为主，颜色以蓝、白、红、黑色居多，两色组合的运动装较为普遍（图6－8、图6－9）。

图6－8

图6－9

运动式校服在设计上要注意胸、腰、臀的放松量，服装廓形多采用H形，简洁大方。在下摆、袖口、下脚口采用松紧形式，以使学生穿脱方便。

校服的缝制工艺要注意实用性，线迹牢固，拉伸性好，结实耐磨。经常受到拉伸的部位要选用有弹性的线迹结构和缝线，以增强牢固度，防止缝线拉断而出现断裂开缝的现象。

校服的面料多选用混纺织物，以耐穿、耐洗、耐日晒、保型性较好、穿着舒适的衣料为宜，不宜选用全毛织物。

1. 款式风格

宽松型短袖设计，海军领，女童下装为A字大摆裙，男童下装为短裤（图6－10）。

2. 面料选用

100%棉。

3. 适合年龄

7～12周岁。

图6－10

4. 规格设计

衣长＝背长＋调节数值；

胸围＝净胸围＋放松量（15～20 cm）；

腰围＝净腰围＋放松量；

臀围＝净臀围＋放松量；

袖长＝所需袖长；

肩宽＝实际肩宽＋放松量；

裙长＝所需长度；

裤长＝所需长度。

以10周岁儿童为例：

衣长＝31 cm＋（18～20）cm＝49～51 cm（男童背长33 cm）；

胸围＝67 cm＋（15～20）cm＝82～87 cm；

腰围＝58 cm＋（0～2）cm＝58～60 cm（男童净腰围60 cm）；

臀围＝73 cm＋（10～15）cm＝83～88 cm；

袖长＝15～20 cm；

肩宽＝33 cm＋（2～3）cm＝35～36 cm；

裙长＝35 cm；

裤长＝40 cm。

5. 纸样结构图（图6－11至图6－13）

男、女童衣身的纸样相同。

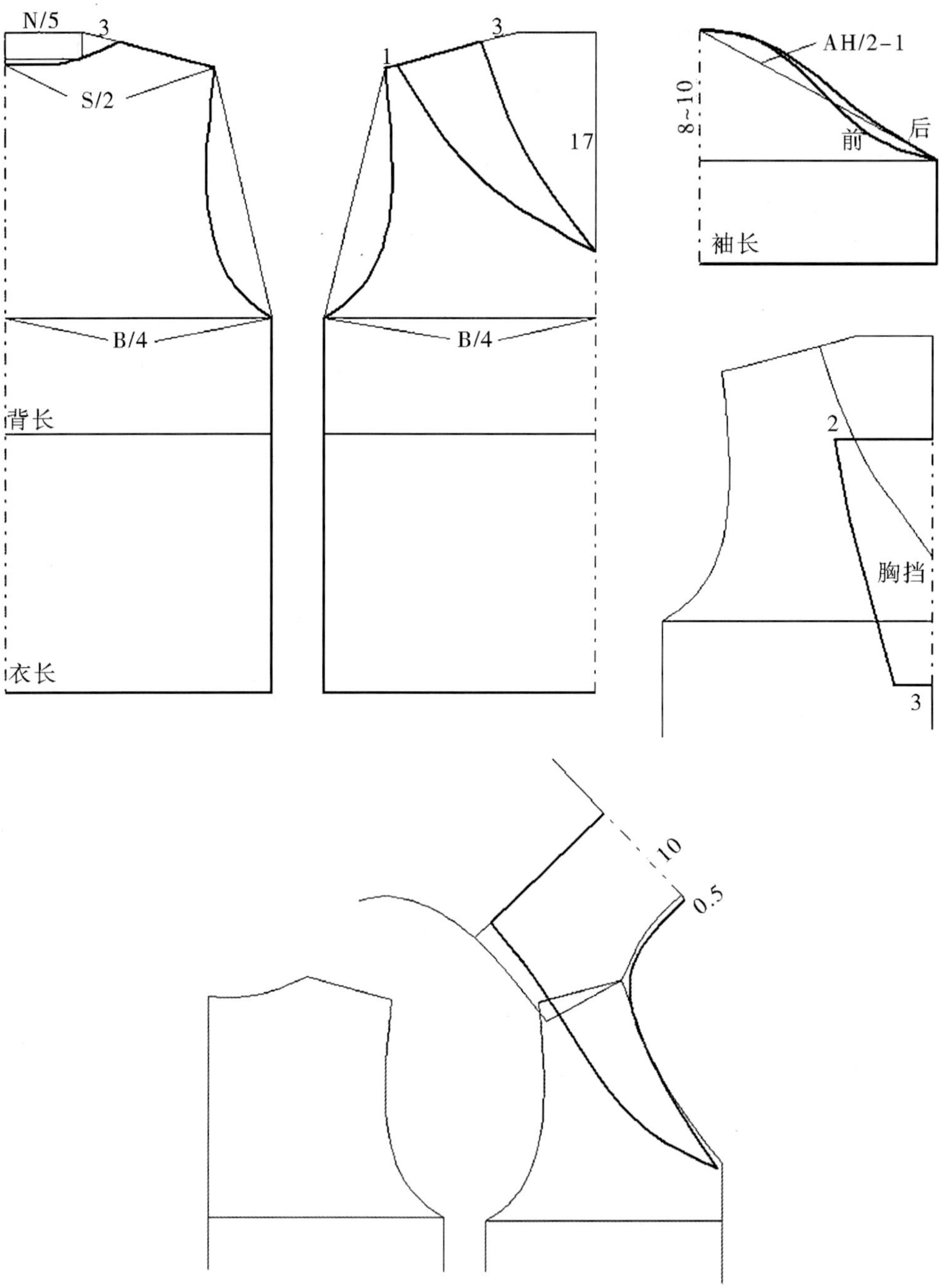

图 6 – 11

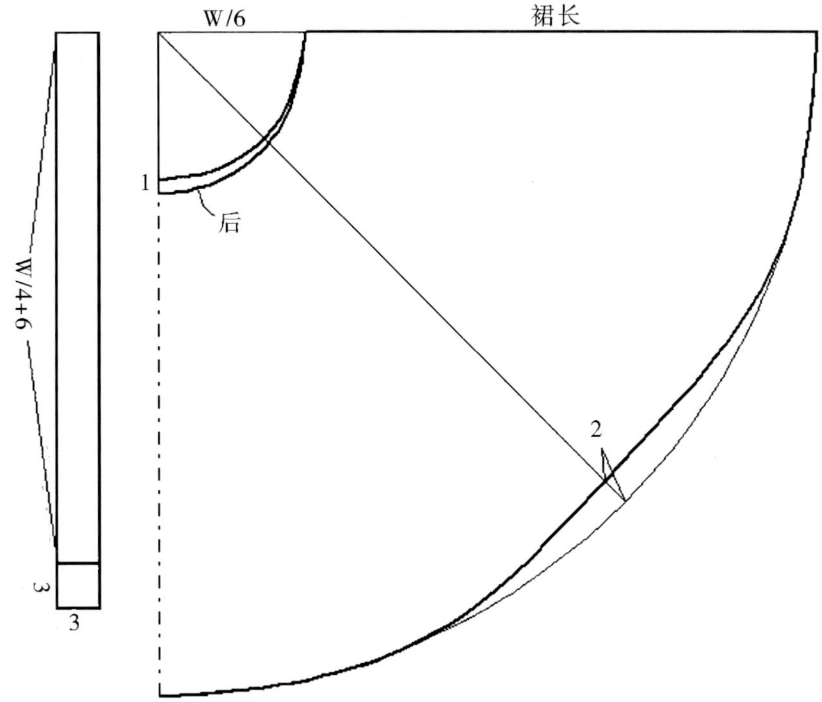

图 6－12

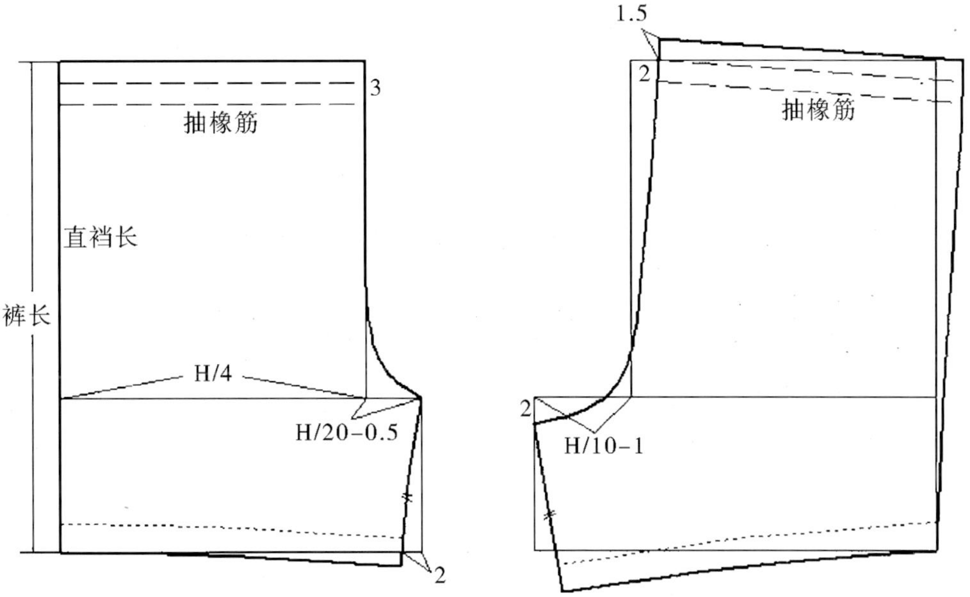

图 6－13

第二节　制服式校服的纸样设计

制服式校服的设计可以借鉴西服，同时注意学生爱动的特点和着装环境，使其能适应学生站、坐等各种活动状态。如领口不要开得太低，应以稍露衬衣和领饰为宜；下装的腰头设计不要过分低下，以简洁的中腰为宜；西裤、裙装的臀部不宜太紧，以免影响活动；女生裙子的长度以齐膝盖或略上为宜（图 6－14）。学校的标志可以放在前胸、袖臂等部位（图 6－15）。校服的设计还应根据季节的变化进行组合设计，自由搭配，灵活组合，从而使原本变化不多的校服种类变得丰富些（图 6－16）。

图 6－14

图 6－15

图 6 – 16

1. 款式风格

合身型款式，前片下摆圆，西装领，前衣片左胸一贴袋，衣身设计两个大贴袋；后中断缝。领口、门襟弧型圆下摆和口袋处明镶 1 cm 左右白边，两片袖结构。女款下装为褶裥裙。男款下装为西裤（图 6 – 17）。

图 6 – 17

2. 面料选用

85% 涤、15% 棉。

3. 适合年龄

12 ~ 15 周岁。

4. 规格设计

衣长 = 背长 + 调节数值；

胸围 = 净胸围 + 放松量（8 ~ 10 cm）；

袖长 = 所需袖长；

肩宽 = 实际肩宽 + 放松量；

臀围 = 净臀围 + 放松量；

腰围 = 净腰围 + 放松量；

裙长、裤长按款式定。

以 15 周岁儿童为例：

女童衣长 = 38 cm + (18 ~ 20) cm = 56 ~ 58 cm（男童衣长 = 42 cm + (25 ~ 30) cm = 67 ~ 72 cm）；

女童胸围 = 84 cm + (6 ~ 8) cm = 90 ~ 92 cm（男童胸围 = 82 cm + (10 ~ 15) cm = 92 ~ 97 cm）；

女童肩宽 = 38 cm（男童肩宽 = 45 cm）；

女童袖长 = 52 cm(男童袖长 = 54 cm);

女童袖口 = 12 cm(男童袖口 = 14 cm);

女童裙长 = 45 cm(男童裤长 = 100 cm);

女童臀围 = 88 cm + (6 ~ 8) cm = 94 ~ 106 cm(男童臀围 = 88 cm + (10 ~ 14) cm = 98 ~ 112 cm);

女童腰围 = 63 cm + (0 ~ 2) cm(男童腰围 = 68 cm + (2 ~ 3) cm = 70 ~ 71 cm)。

5. 纸样结构图

男大童纸样结构见图 6 - 18、图 6 - 19,女大童纸样结构见图 6 - 20、图 6 - 21。

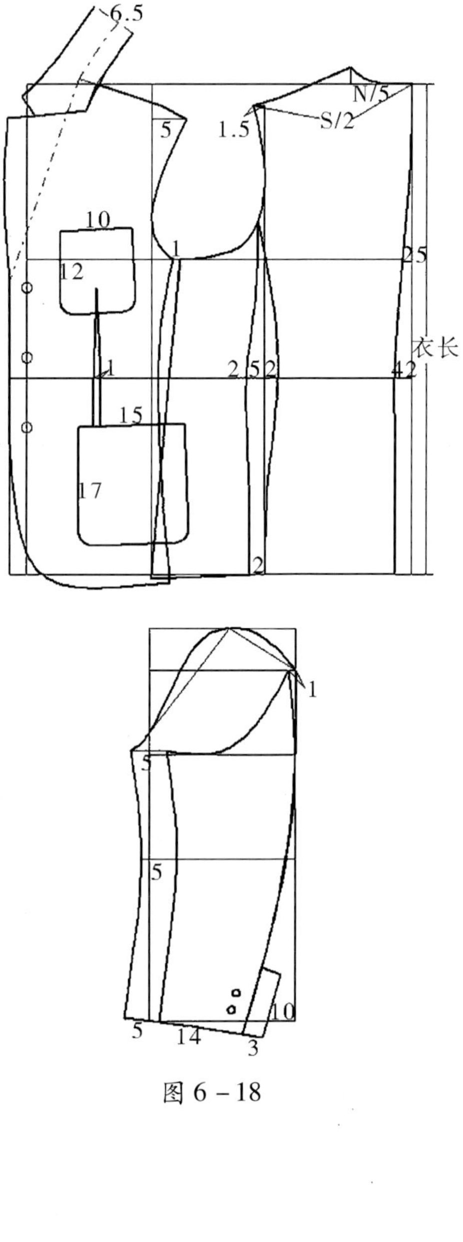

图 6 - 18

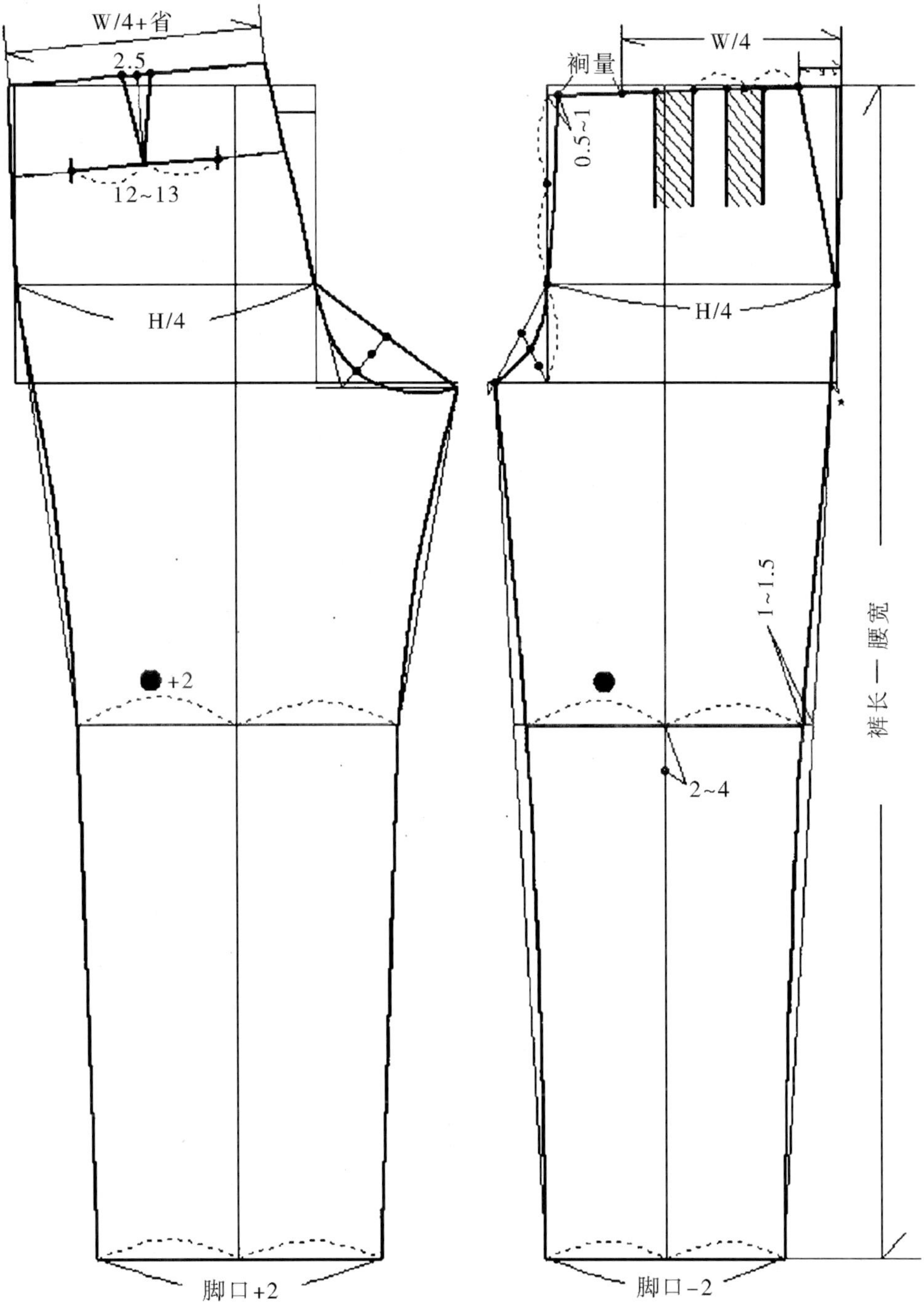

图 6－19

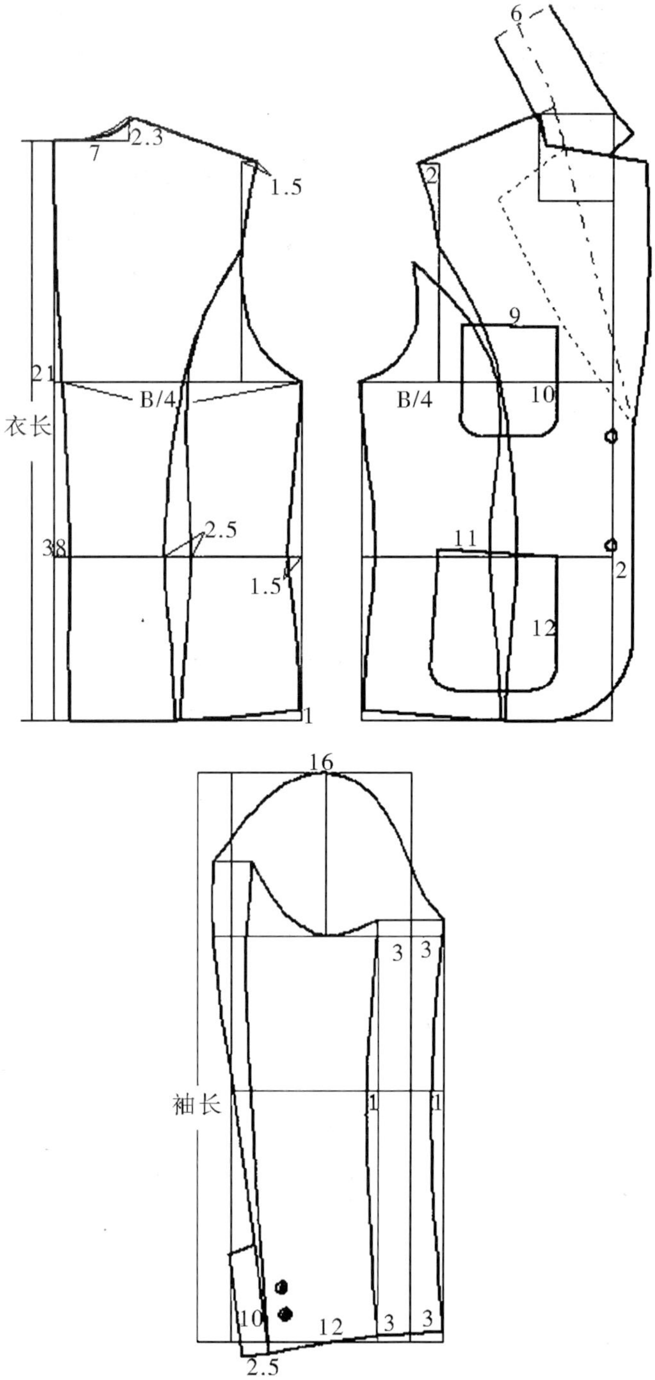

图 6－20

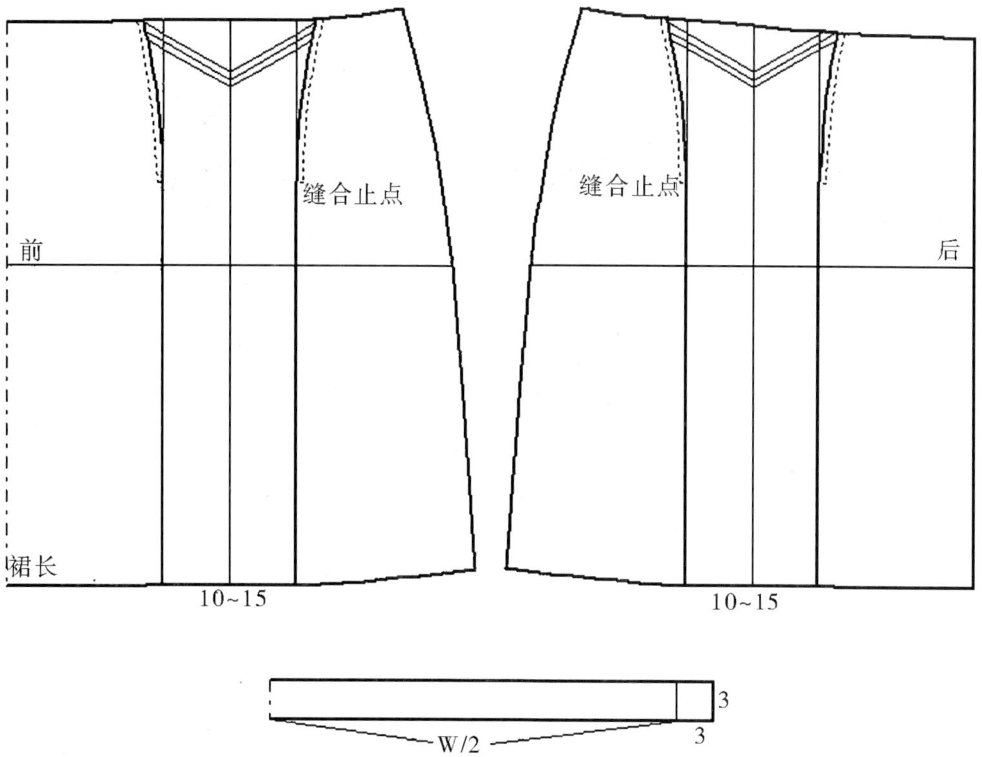

图 6－21